大气科学研究与应用

（2012·2）

（第四十三期）

上海市气象科学研究所 编

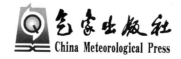
气象出版社
China Meteorological Press

图书在版编目(CIP)数据

大气科学研究与应用.2012.2/上海市气象科学研
究所编.—北京:气象出版社,2013.6
ISBN 978-7-5029-5725-4

Ⅰ.①大… Ⅱ.①上… Ⅲ.①大气科学-文集 Ⅳ.①P4-53

中国版本图书馆 CIP 数据核字(2013)第 114449 号

出版发行:气象出版社

地　　址:北京市海淀区中关村南大街 46 号		邮政编码:100081	
总 编 室:010-68407112		发 行 部:010-68409198	
网　　址:http://www.cmp.cma.gov.cn		E-mail：qxcbs@cma.gov.cn	
策划编辑:沈爱华		终　　审:周诗健	
责任编辑:蔺学东		责任技编:吴庭芳	
封面设计:刘　扬			
印　　刷:北京中新伟业印刷有限公司			
开　　本:787 mm×1092 mm　1/16		印　　张:7.75	
字　　数:198 千字			
版　　次:2013 年 6 月第 1 版		印　　次:2013 年 6 月第 1 次印刷	
定　　价:25.00 元			

本书如存在文字不清、漏印以及缺页、倒页、脱页等,请与本社发行部联系调换

前　言

　　《大气科学研究与应用》是由上海区域气象中心和上海市气象学会主办、上海市气象科学研究所编辑、气象出版社出版的大气科学系列书刊。

　　自 1991 年创办以来，每年 2 本，至今已出版了 43 本，刊登各类文章 600多篇共约 700 多万字，文章的作者遍及全国各地气象部门和相关大专院校，文章的内容几乎涵盖了大气科学领域的各个方面，以及和气象业务有关的一些应用技术。经过历届编审委员会的努力，《大气科学研究与应用》发展成为立足华东、面向全国，以发表大气科学理论在业务应用和实践中最新研究成果为主的气象学术书刊，在国内具有一定的知名度。作为广大气象科研和业务技术人员进行学术交流的园地，受到了华东地区乃至全国气象台站、气象研究部门和相关大专院校师生（包括港、台）的欢迎。

　　从 2005 年开始，根据各方面的意见，我们对书刊的封面和部分版式、内容进行了适当的调整，例如在目录中不再划分成论文、技术报告和短论等栏目，而统一按文章的内容进行编排，使之更为符合本书刊所强调的理论研究与实际应用相结合的特色。

　　从 2007 年第 2 期（总第三十三期）起，《大气科学研究与应用》被《中国学术期刊网络出版总库》全文收录。

　　从 2009 年第 1 期（总第三十六期）起，《大气科学研究与应用》部分文章以彩色印刷出版。

　　与此同时，希望继续得到大家的关心和热情支持，对书刊存在不足和今后发展提出宝贵意见和建议，使《大气科学研究与应用》能更好地为广大气象科技工作者服务。

《大气科学研究与应用》第三届编审委员会

主编　徐一鸣

大气科学研究与应用

（2012·2）

目　录

Contents

"110813"强降水超级单体风暴特征与临近预报思路

顾　问　谈建国

（上海市气象科学研究所　上海　200030）

提　要

本文利用常规气象资料和多普勒天气雷达回波资料对 2011 年 8 月 13 日下午发生在上海市浦东新区北部的强降水超级单体风暴进行了分析。该超级单体具有富含水汽、较低的自由对流高度和沿海陆锋移动的特点。环境场的风垂直切变为对流发展成为超级单体提供了有利条件。该超级单体中包含一个中气旋，在其下击暴流发生之前反射率因子质心位置显著下降。时空分辨率高的业务化中尺度数值预报系统提供了针对强对流天气过程的短临预报产品，且弥补了天气实况外推和全球数值模式在时空分辨率和预报产品上的空缺。应用上海台风研究所 SMB-WARR 和 SMB-SWAMS 系统，预报员可提前 3～4 h 对这次强降水超级单体过程作出预警，提高这类局地强对流天气临近预报的准确率。

关键词　强降水超级单体　雷达回波　局地强对流　临近预报

一、引　言

观测和数值模拟表明，风暴动力结构取决于环境的热力不稳定、风的垂直切变和水汽的垂直分布 3 个因子[1]。风垂直切变有利于风暴发展、加强和维持，决定对流风暴能否发展成为超级单体风暴[2]。Browning[3]用天气雷达对超级单体风暴的结构作了分析，他指出超级单体风暴有两个重要的雷达回波特征：(1)存在弱回波区或有界弱回波区；(2)低层有钩状回波。随着多普勒雷达的普及，Ray[4]发现超级单体风暴有别于其他类型风暴的独特动力学特征是：它总是伴随着一个持久的中气旋。Moller[5]根据降水特征，把超级单体分为经典超级单体、强降水超级单体和弱降水超级单体。Browning[6]认为强降水超级单体风暴区别于经典超级单体风暴的特点是：中气旋全部或部分被降水包裹并位于风暴的右前方。

强对流天气尤其是局地生成的强对流天气，由于其空间尺度小、发展迅速、移动路径复杂，一直是临近预报中的难点[7,8]。临近预报技术主要包括雷暴识别追踪和外推预报技术、中尺度数值预报以及以分析观测资料为主的概念模型预报技术。天气雷达是监测强对流天气、揭示对流风暴机理的主要探测手段，其缺陷是预报时效较短[9]。探空资料能给出垂直方向上的气象要素分布，但是由于时空分辨率过低(时间间隔 12 h，空间距离约 200 km)，对于距离探空点较远的强对流天气发生的指示性略显不足[10,11]。随着计算机计算能力的加强和数值模式的发展，数值预报已经成为业务天气预报的重要技术支撑。高分辨率的中尺度数值模式可以同化天气雷达、自动站、探空和 GPS 可降水量等资料作为初值场,以此来提高临近预报的时空精度。上海台风研究所的快速同化更新系统 SMB-WARR 和中尺度模式系统 SMB-WARMS 已经投入了业务运行,并在短临预报中发挥越来越重要的作用。本文分析了 2011 年 8 月 13 日的一次强降水超级单体天气过程,并对 SMB-WARR 和 SMB-WARMS 的短临预报产品进行释用,旨在通过对这次强对流天气过程的总结和中尺度数值模式中相应的短临预报产品的释用,为预报上海局地强对流天气提供一些预报思路。

二、"110813"强降水超级单体风暴成因分析

2011 年 8 月 13 日上海市浦东新区北部地区 14:00—17:00 受强降水超级单体的影响,有 4 个自动气象站雨量>90 mm,其中,王港自动气象站 15:00—16:00 期间 1 h 雨量 131.6 mm(15:10—16:10 期间 1 h 雨量 140.6 mm),降水强度之大创上海历史记录。有 2 个自动气象站测得最大阵风>9 级,位于王港北面的海通国际自动气象站测得最大阵风 30.1 m/s。本节分析该强降水超级单体风暴发生时的环流背景和成因。

1. 天气形势分析

2011 年 8 月 13 日 08:00 500 hPa 高空图上副热带高压分为东西两环,一环是中心位于四川地区干暖的大陆高压,另一环是较暖湿的海洋性副热带高压,上海处在两副高之间的低压槽区。在 500 hPa、700 hPa 和 850 hPa 高空图上,渤海有一个闭合冷涡正缓慢向偏东方向移动,上海位于渤海冷涡的冷式切变线前部,地面天气图上上海位于准静止锋的后部。这是典型的上海地区盛夏时易发生局地强对流天气的"副高边缘型"天气形势。

2. 物理量分析

根据 2011 年 8 月 13 日 08:00 上海宝山站的探空曲线计算得到:(1)自由对流温度 T_g 为 32.5℃,预报当天的最高温度是 34℃,意味着上海有单纯依靠热力抬升作用产生局地对流天气的可能;(2)对流有效位能为 1834 J/kg。尽管有一定的对流抑制,但是由于自由对流高度是 846 hPa,加之 13 日上午的日照条件好,近地层容易变得超绝热使气块冲破自由对流高度;(3)SWEAT 强天气威胁指数反映了不稳定能量与风的垂直切变对风暴强度的综合贡献,是近年来在暴雨、强雷暴、龙卷等强对流天气监测中使用较多的一个物理量。统计发现:发生龙卷时 SWEAT 的临界值为 400,发生暴雨时的临界值为 200。8月 13 日 08:00 SWEAT 已经达到了 238。此外,850 hPa 和 500 hPa 的温差达 25℃。从 13 日 08:00 的各类大气稳定度参数来看,上海极容易发生强对流天气。

3. 环境风的垂直切变

图 1 是 2011 年 8 月 13 日 08:00 上海宝山探空站不同高度间的风垂直切变图。实线表示风随高度是顺时针转,虚线表示风随高度是逆时针转。尽管从地面到 200 hPa 的风向都为偏西风或西南风,但是风垂直切变矢量呈现在低层顺转、中高层(850 hPa 以上)逆转的形式;并且,在低层的风垂直切变矢量的曲率很大,在这种环境下产生的对流风暴具有发展成为超级单体风暴的潜势[12]。

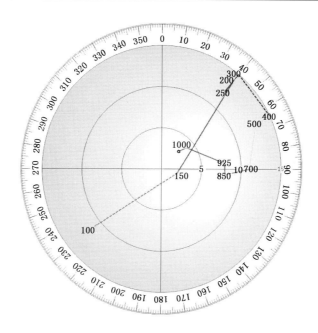

图1 2011年8月13日08:00上海宝山探空站不同高度的风垂直切变图(单位:m/s)

4.触发机制

上海三面临海,盛夏季节在没有明显天气系统过境且短波辐射条件好的时候,海陆温差导致的海陆环流和热岛环流所形成的边界层辐合线常出现在上海东北部长江口沿岸(呈 WNW－ESE 走向,东北风与偏南风之间的气旋式切变)和上海的中部(呈 NE－SW 向,东南风和西南风之间的气旋式切变)。随着海陆温差在午后达到最大,边界层辐合线在 14:00 左右达到极盛期。统计研究表明,边界层辐合线是盛夏上海局地对流天气的主要触发机制之一[7]。

2011年8月13日的强降水超级单体也是由边界层辐合线(海陆锋)触发的。由于缺少当时加密自动站的风场实况资料,故采用 2011 年 8 月 13 日 12:00 快速同化更新系统上海的地面风分析场(未滤波)(图2)。未经滤波的分析场能够最大程度保留含有同化了加密自动气象站资料的信息。如图2所示,12:00上海境内出现了3条边界层辐合线,分别位于横沙岛、浦东新区北部沿江地带和闵行—奉贤区一带。而强降水超级单体风暴就是由初生于横沙岛的对流单体和初生于浦东新区北部沿江的对流单体发展起来的(图3)。

三、强降水超级单体的雷达回波特征

多普勒天气雷达能够揭示出强对流天气系统的三维结构,因此常被用于强风暴的机理研究和灾害性天气(如冰雹、龙卷、暴雨、大风等)的监测预警。本节用上海市青浦区和浦东新区的两部多普勒天气雷达的基本产品和导出产品对"110813"强降水超级单体的三维结构进行分析。

图3是2011年8月13日12:00—16:00青浦雷达3 km CAPPI(Constant Altitude Plan Position Indicator)回波演变图。12:24时(图3a)在横沙岛北部首先出现一个对流

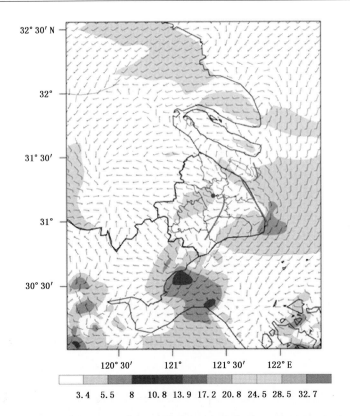

图 2　2011 年 8 月 13 日 12：00 上海地面风的分析场（未滤波）（单位：m/s）

单体,并向东北方向移动;13：06 时(图 3b)当第一个单体移到崇明岛以东时,浦东北部沿江又生成一个对流单体;13：54 时(图 3c)两个单体逐渐靠近;14：12 时(图 3d),两个单体完全合并,雷达回波上的强反射率因子中心超过了 65 dBz;15：00 时(图 3e),强降水超级单体风暴发展到最强时刻,此时风速和降水强度均达最大;15：18 时(图 3f),强降水超级单体风暴开始减弱。强降水超级单体风暴在形成初期由两个尺度较小的对流单体合并而成,具有多单体风暴的特征。强降水超级单体形成以后一直沿着海陆锋移动,这表明强降水超级单体风暴倾向于沿着热力湿边界移动。

　　中气旋(M)是 WSR-88D 雷达的一种速度导出产品,它体现了对流风暴与强烈上升运动相联系的小尺度涡旋。图 4 是 2011 年 8 月 13 日 14：59 浦东多普勒天气雷达的风暴相对平均径向速度图(0.5°仰角)。在上海的浦东新区北部有一个直径 10 km 的正负速度对(白色圆圈内),最大流入和流出速度均超过了 13.3 m/s(26 knots),按照美国的中气旋判据,其旋转速度达到了弱中气旋的标准。

　　图 5 是 2011 年 8 月 13 日 13：00—16：00 上海青浦雷达探测出的反射率垂直剖面图。图中可以发现:(1)雷达回波伸展到了 18 km,即风暴顶发展到了平流层;(2)图 5a(13：42 时)与图 5b(14：00 时)间隔 18 min,两图对比可以看出:强反射率因子的质心位置在后一时刻明显下降。图 5c 与图 5d,图 5e 和图 5f 间隔各为 12 min,也呈现强反射率因子在后一时刻质心位置下移的特征。这正好对应了 3 次极大风速出现的时间,分别是海通国际自动气象站①13：53 时,风速 18 m/s,风向 105°;②14：53 时,风速 30.1 m/s,风向 139°;

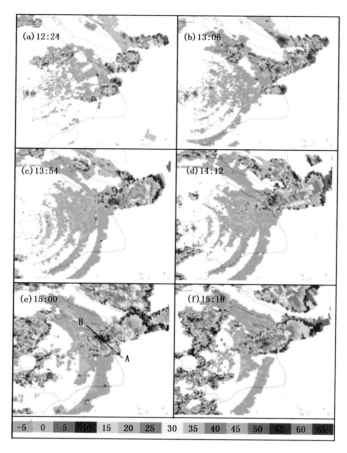

图 3　2011 年 8 月 13 日 12:00—16:00 上海青浦雷达 3 km CAPPI 回波演变图(单位:dBz)

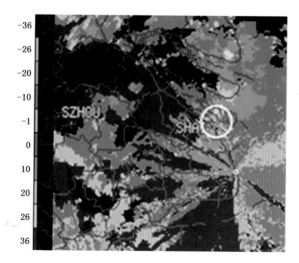

图 4　2011 年 8 月 13 日 14:59 上海浦东雷达的风暴相对平均径向速度图(仰角 0.5°;单位:kont)

③15:19时,风速 19.8 m/s,风向 173°。强反射率因子的质心下降比下击暴流的发生有几分钟的提前量。

　　图 3e 的雷达回波中有与强上升气流相联系的回波缺口(位置在强降水超级单体的东

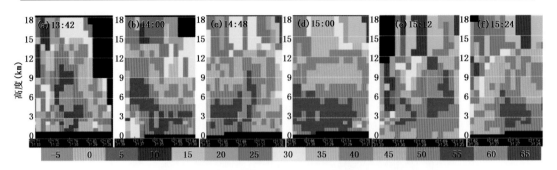

图5　2011年8月13日13:00—16:00上海青浦雷达回波垂直剖面图(单位:dBz)

南部),经过这个回波缺口沿东南一西北向作垂直剖面(图3e的AB线),得到图6。图6是2011年8月13日15:00上海青浦雷达垂直剖面图。由图可见,当强降水超级单体发展到最强时刻,该单体在低层有弱回波区(图中红圈为弱回波区),并且在低层和距地面9 km处的位置各有一个反射率因子大值区,风暴顶位于低层反射率因子梯度最大处的正上方。这种回波特征表明[13]:(1)低层入流从强降水超级单体的东南部进入;(2)低层入流是强上升气流,它只含水汽(气态),不含水滴或冰雹(液态或固态),故反射率因子很小便形成了弱回波区;(3)强风垂直切变使低层入流发生倾斜,使强上升气流没有因降水粒子的拖曳效应而减弱,让对流风暴有时间发展加强为强降水超级单体。

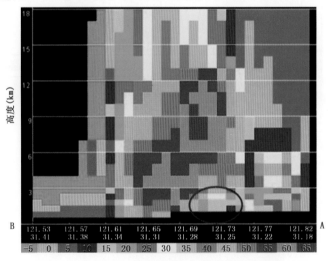

图6　2011年8月13日15:00上海青浦雷达回波垂直剖面图(单位:dBz)

四、强降水超级单体风暴的临近预报思路

强对流天气的预报思路可以分为三个阶段:对流天气形势分析(24～72 h),强对流潜势分析(6～24 h),强对流类型预报和灾害天气预警(0～6 h)。对"110813"强降水超级单体来说,从8月13日08:00的天气实况和欧洲中期天气预报中心的数值预报产品已经能判断出午后上海地区的天气形势有利于对流天气的发生。但是对流的强度、位置和类型却难以预报。强对流类型预报和灾害天气预警一直是短临预报中的难点,尽管利用雷达

等探测设备可以对强对流天气进行实时监测,但预警的时效性无法体现。中尺度数值预报系统有着时空分辨率高的特点,其临近预报产品已经为无缝隙、精细化预报提供了重要支撑。本节讨论用上海台风研究所 SMB-WARR 和 SMB-SWAMS 系统的临近预报产品,对"110813"强降水超级单体过程的预报预警进行释用。

1. 系统介绍

快速循环同化更新系统 SMB-WARR(Shanghai Meteorological Bureau-WRF ADAS Rapid Refresh)主要针对上海及周边地区的短时临近预报,水平分辨率为 3 km,逐小时输出一次预报结果,系统基于 ADAS-WRF 建立。ADAS(ARPS Data Analysis System)是由美国俄克拉何马(Oklahoma)大学国家强风暴实验室开发的一套气象数据分析与同化系统,目前 SMB-WARR 的 ADAS 同化了多种观测数据,主要包括探空观测和地面气象站观测,如常规天气观测、船舶观测、机场地面报、浮标、加密自动气象站和飞机观测。

SMB-WARMS 系统(Shanghai Meteorological Bureau-WRF ADAS Real-Time Modeling System)主要针对中国华东地区的短期天气预报,水平分辨率为 9 km,每 3 h 输出一次预报结果。系统基于 ADAS-WRF 建立,以美国 GFS 分析场为模式初猜场,经 ADAS 同化后得到初始场。与 SMB-WARR 相比,SMB-WARMS 系统同化的资料中不含加密自动气象站资料。

2. 强对流类型预报和灾害天气预警释用

强对流天气的预报着眼点有上升运动的速度、风垂直切变、水汽和动力抬升条件。SMB-WARR 和 SMB-WARMS 系统的临近预报产品不仅提供了上述产品,而且在时空上也弥补了全球数值预报模式的缝隙。图 7 为 SMB-WARR 于 2011 年 8 月 13 日 08:00 预报 13:00 上海 1 h 时累计降水,图中上海境内的降水分布零星分散,最明显的降水落区

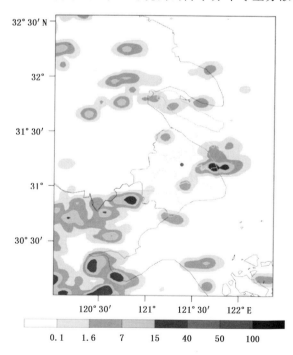

图 7　SMB-WARR 于 2011 年 8 月 13 日 08:00 预报 13:00 上海 1 h 累计降水量分布(单位:mm)

位于浦东北部,与实况中出现的位置较一致,时间上也较吻合。SMB-WARR 系统同化了加密自动气象站的风场资料后可以预报边界层辐合线的位置及由辐合线触发的降水。在后几个时次的预报中,浦东北部的降水迅速增强(图略),13:00—16:00 的 3 h 累计降水量约为 100 mm,超过暴雨的标准。

　　图 8 为 SMB-WARR 于 2011 年 8 月 13 日 08:00 预报 13:00 宝山站的探空曲线,宝山站距浦东北部大约 15 km。SMB-WARR 的逐小时探空预报表明(其他时次图略):(1)从 8 月 13 日 08:00 开始,对流有效位能一直在增加,到 13:00 对流有效位能已经达到 3566 J/kg,这意味着如果不稳定能量全部释放,可转化成非常大的上升速度;(2)低层水汽已经饱和,中层水汽条件也比较好;(3)午后近地面将呈超绝热状态,近地层层结条件为绝对不稳定。SMB-WARR 系统预报的环境因子有利于对流风暴演变成为强对流风暴。

　　把 08:00 的探空资料同化到 SMB-WARR 系统中以后,模式可以刻画气象要素的垂直分布,并能给预报员提供 08:00 以后各整点的探空预报产品。SMB-WARR 系统的逐小时探空预报可被当作是准"临近探空"资料来分析:(1)对流有效位能的逐小时变化;(2)水汽的垂直分布;(3)层结条件是否变得更不稳定。

　　基于 SMB-WARMS 系统开发了针对高影响天气的预报产品,如强对流指数、水物质垂直分布、能见度和雷电潜势指数等。对流有效位能和中低空的风垂直切变对超级单体的形成都很重要,但是业务化的中尺度数值模式几乎都不涉及中低空的风垂直切变。SMB-WARMS 系统的强对流指数板块中针对超级单体的形成环境提供了"0~6 km 风垂直切变、对流有效位能"预报产品。图 9 是 SMB-WARMS 系统于 2011 年 8 月 13 日 08:00 预报 14:00 的 0~6 km 风切变和对流有效位能。图中可见,上海境内 0~6 km 风切变最大的位置在上海北部的长江口和崇明三岛地区,风速超过了 16 m/s,达中等偏强程度,有利于超级单体的发展。对流有效位能也超过了 1600 J/kg。SMB-WARMS 提供的 0~6 km 风垂直切变和对流有效位能临近预报产品对这次强降水超级单体的预报有较好的指示意义。

五、讨论与小结

　　(1)"110813"强降水超级单体具有富含水汽、较低的自由对流高度和沿海陆锋移动的特点。环境风垂直切变矢量呈现在低层顺时针转、中高层逆时针转的形式,且低层的风垂直切变矢量的曲率很大,环境风垂直切变的分布是"110813"强降水超级单体产生的主要原因。

　　(2)"110813"强降水超级单体的雷达回波特征显示该超级单体包含一个中气旋。反射率因子的弱回波区特征表明了低层入流是强上升气流,中等偏强的风垂直切变使低层入流发生倾斜,使强上升气流没有因降水粒子的拖曳效应而减弱,从而延长了风暴寿命,让对流风暴加强成为超级单体。

　　(3)上海台风研究所的 SMB-WARR 和 SMB-SWAMS 系统提供了风场、探空、水汽条件和风垂直切变等针对强对流天气的高时空分辨率的短临预报产品。同化了加密自动站风场的预报产品能准确预报边界层辐合线的位置和由辐合线触发的对流区。逐小时的探空预报较好地刻画了水汽的垂直分布、对流有效位能的积累和层结条件。风垂直切变

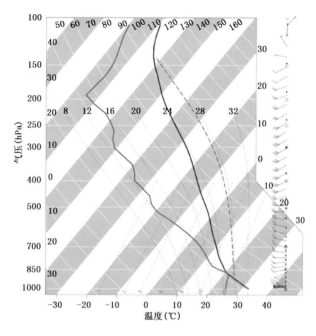

图 8　SMB-WARR 于 2011 年 8 月 13 日 08:00 预报 13:00 宝山站的探空曲线

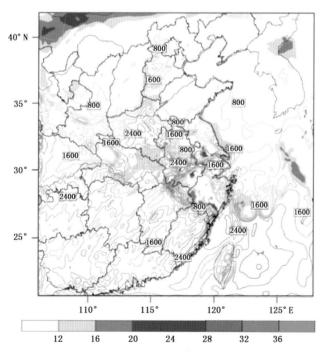

图 9　SMB-WARMS 于 2011 年 8 月 13 日 08:00 预报 14:00 的 0～6 km 风垂直切变(单位:m/s)
和对流有效位能(单位:J/kg)

预报产品对超级单体的形成环境有较好的指示意义。用上海台风研究所 SMB-WARR 和 SMB-SWAMS 系统,预报员可提前 3～4 h 对这次强降水超级单体过程作出预警,提高这类局地强对流天气临近预报的准确率。

本工作得到"国家自然科学基金项目(41275021)"的资助。

参考文献

[1] 俞小鼎,姚秀萍,熊廷南,等.多普勒天气雷达原理与业务应用(第三版)[M].北京:气象出版社,2006:91-92.

[2] 寿绍文,励申申,姚秀萍,等.中尺度气象学(第三版)[M].北京:气象出版社,2003:185-191.

[3] Browning K A. Cellular structures of convective storms[J]. *Meteor. Mag.*, 1962, **91**(1085): 341-350.

[4] Ray P S. Dual-Doppler observation of a tornadic storm[J]. *J. Appl. Meteor.*, 1975, **14**(8): 1521-1530.

[5] Moller A R, Doswell C A III, Foster M P, *et al*. The operational recognition of supercell thunderstorm environments and storm structures[J]. *Weather Forecasting*, 1994, **9**(3): 327-347.

[6] Browning K A. Airflow and precipitation trajectories with severe local storms which travel to the right of winds[J]. *J. Atmos. sci.*, 1964, **21**(6): 634-639.

[7] 漆梁波,陈雷.上海局地强对流天气及临近预报要点[J].气象,2009,**35**(9):11-17.

[8] 郑永光,张小玲,周庆亮,等.强对流天气短时临近预报业务技术进展与挑战[J].气象,2010,**36**(7):33-42.

[9] 陈明轩,俞小鼎,谭晓光,等.对流天气临近预报技术的发展与研究进展[J].应用气象学报,2004,**15**(6):754-766.

[10] 郑媛媛,俞小鼎.一次典型超级单体风暴的多普勒天气雷达观测分析[J].气象学报,2004,**62**(3):317-328.

[11] 陈敏,范水勇,郑祚芳,等.基于 BJ-RUC 系统的临近探空及其对强对流发生潜势预报的指示性能初探[J].气象学报,2011,**69**(1):182-194.

[12] Fujita T T. Analytical meso-meteorology:A review, severe local storms[J]. *Meteor. Monogr.*, 1963, **5**(27):77-125.

[13] 俞小鼎.强对流天气的多普勒天气雷达探测和预警[J].气象科技进展,2011,**1**(3):31-41.

“110813”HP Supercell Storm Characteristics and Nowcasting Ideals

GU Wen   TAN Jianguo

(*Shanghai Institute of Meteorological Science*，*Shanghai*   200030)

Abstract

Heavy precipitation supercell storm which occurred in the northern part of the Pudong New Area of Shanghai in the afternoon of 13 August 2011，were analyzed using conventional meteorological data and Doppler weather radar data. The supercell storm has the features of rich water vapor input，lower free-convection -height and moving along a land-sea front. The environment field of vertical wind shear provides favorable conditions for the development of the supercell. Doppler radar echo characteristics show that the supercell contains a mesocyclone. Distinct descent of storm core height happens before the downburst. Mesoscale numerical prediction systems with high spatial and temporal resolutions provide the nowcasting products of severe convective weather process，which make up for the vacancies of weather extrapolation and global numerical model in space-time resolutions and forecast products. Using SMB-WARR and SMB-SWAMS systems of Shanghai Typhoon Institute，forecasters can give early warning of the heavy precipitation supercell process 3-4 hours in advance，and improve the accuracy of the local severe convective weather nowcasting.

交互式台风分析和预报系统的建立及其功能介绍

谭　燕[1]　王晓峰[1]　王玉彬[2]　万日金[1]

(1 中国气象局上海台风研究所,中国气象局台风预报技术重点实验室　上海　200030;
2 北京市气象局　北京　100089)

提　要

根据台风预报业务的实际需求,建立了基于 MICAPS3 的台风分析和预报系统(MICAPS-TC)。MICAPS-TC 以模块的形式嵌入到 MICAPS 系统中,可视为 MICAPS 的一个子系统,可以与 MICAPS 通讯和交互,与 MICAPS 共同处理部分工作;同时,MICAPS-TC 自身也可视为独立的系统,由多个不同的功能模块组成,各功能模块之间相互独立,通过 MICAPS 加载而独立完成各项任务。系统的主要功能包括:调阅和实时显示台风资料库的台风信息、进行台风信息的预报制作、预警信息的制作发布及帮助。系统强调交互式的分析和预报的设计理念,可以很大程度地融合预报员的预报思路,最大程度地丰富预报制作的过程,满足不同用户的个性化需求和制作;同时,一体化的操作界面也能在一定程度上提升业务工作的预报效率。MICAPS-TC 可实现从"资料显示"→"预报分析"→"产品制作"→"信息发布"的一系列操作,是一体化台风预报流程的有效尝试。业务化运行结果表明:该系统能较好地满足实际台风预报服务产品的制作需求,可在台风预报工作中继续推广应用。

关键词　台风　分析　预报　MICAPS3　交互式系统

一、引　言

自然灾害已经成为全世界重点关注的问题,而台风灾害是全球发生频率最高、影响最严重的自然灾害之一。我国处于东亚季风区,平均每年有 9 个台风登陆[1],给社会经济和人民生活带来巨大损失,也对沿岸和海洋环境带来很大影响。

为满足实际台风业务工作的需求,自 20 世纪 80 年代开始,各国的业务中心都在发展面向其业务需求的台风分析和预报工具,美国首先致力于热带气旋自动预报系统(The Automated Tropical Cyclone Forecasting System, ATCF)的研发;随后的 90 年代,澳大利亚和加拿大也相继开展了这一领域的工作[2]。如今,ATCF 经过多年不断的升级和更新,已经成为了美国联合台风警报中心(JTWC)和飓风中心(NHC)业务上不可或缺的分析预报工具。ATCF 的功能包括:调阅热带气旋路径强度等基本信息、调阅气象要素形势场信息、对多个热带气旋过程进行分析和预报及发布预警信息[3]。香港天文台开发的热带气旋信息处理系统(Tropical Cyclone Information Processing System, TIPS)于 2001 年投入业务应用[4],除调阅及显示台风的基本信息之外,TIPS 还可以根据不同发布中心或客观预报的预报信息,制作集合预报产品,长期的业务使用效果表明,TIPS 具有良好的用户操作性,是台风预报和预警制作的有利工具。近年来,我国针对台风分析和预报所研发的业务预报工具主要分三类:一类是整合历史资料库,寻找相似个例,开展台风分析和预报[5];第二类是基于 GIS 技术,利用 GIS 相关的地图表达技术和空间数据库技术等,制作台风预报产品[6];第三类是在 WebGIS 的技术上开展,结合 GIS 与 Internet 技术的优点,使得信息发布和数据共享更为广泛,用户的访问和操作更为便捷[7]。目前,气象信息综合分析处理系统(Meteorological Information Comprehensive Analysis Processing System,MICAPS)仍是我国预报员常用的天气分析和预报工具,该系统自 20 世纪 90 年代研发至今,相继在 2002 年和 2007 年推出第二版和第三版,已经成为我国气象业务预报服务中必不可少的基础工具和平台。2009 年 11 月推出的 MICAPS3.1 版本,系统框架得到进一步优化,与早期版本相比,其功能性更强,操作更为便捷,配置也更加灵活,且提供了大量的本地化设置,为用户的二次开发提供了良好的支持[8,9]。虽然 MICAPS 能处理多种类型的资料并绘制相应产品,但却没有专门针对台风设计的相关分析和预报功能,在实际台风预报工作中,从台风的定位信息到各家的预报情况,再到预报报文的制作,预报员不得不选择不同类别的工具,打开多个平台,致使业务工作繁琐无章,从而影响工作效率,容易导致出错。此外,在预报制作过程中,现有的工具不能很好地与用户进行交互式的分析和预报,在一定程度上也缺失了预报制作的主动性。在 MICAPS 基础上设计研发的台风分析和预报系统(MICAPS-TC)综合考虑上述问题,在适应台风预报工作准确、及时、科学、高效等要求下,进一步规范台风预报服务产品类型与表现形式,整合从资料调阅到预报分析再到产品制作和信息发布的预报一体化流程,最大程度地节约时间,体现出预报的交互制作。本文将介绍基于 MICAPS3 研发的台风分析和预报系统(MICAPS-TC)的设计初衷、资料方法、功能设计和应用界面,上述内容在第二部分给出;第三部分通过个例给出实际应用情况;最后是小结与讨论。

二、台风分析与预报系统

基于 MICAPS 平台,使用 Microsoft Visual Studio 2003 的 IDE 开发环境和 C♯语言研发的台风分析与预报系统(MICAPS-TC),其设计初衷是通过接收和处理多种台风报文资料,进行台风的分析和交互式的预报制作,并发布预警信息和相应产品,从而完成从"资料显示"→"预报分析"→"产品制作"→"信息发布"的规范化台风预报一体化流程。系统最大的特点是交互式的分析和预报功能,该功能的实现可以很大程度地融合预报员的预报思路,体现从用户出发的预报需求。此外,一体化的操作界面融合了强大的调用显示功能,方便资料调用;信息发布的自动化处理也可提升业务工作的效率。

MICAPS-TC 是以模块的形式嵌入 MICAPS 系统,可视为 MICAPS 的一个子系统,可以与 MICAPS 通讯和交互,与 MICAPS 共同处理部分工作;同时,MICAPS-TC 自身也可视为独立的系统,由多个不同的功能模块组成,各功能模块之间相互独立,通过 MICAPS 加载而独立完成各项任务。目前,MICAPS-TC 包含 4 个功能模块,即:实时显示、预报制作、信息发布和帮助,每部分功能在下文中会详细介绍。

MICAPS-TC 由 MICAPS 菜单启动,为悬浮式窗口设计,图 1 为 MICAPS-TC 的主窗口界面。

1. 资料及运行环境

图1   MICAPS-TC 主窗口界面

资料：MICAPS-TC 采用了基于 Linux 的 MySQL 数据库来存储经过解报后的原始台风数据,台风数据报文是中国气象局统一向下发送的一种数据,解报程序会 24 h 不间断地将最新报文解析并导入 MICAPS-TC 的后台数据库。基于 Linux 的 MySQL 数据库保证了数据库系统的稳定性、故障率低、不容易发生死机等情况,大大降低了由此导致的数据丢失或者 MICAPS-TC 平台错误。MICAPS-TC 数据库由一个主表"realtimeTC"和几个附属表组成。主表"realtimeTC"存储所有经过解报的台风数据的详细信息,表字段包括台风名称、编号、时间、数据发布中心、数据类型、经纬度、风力、风级、气压、风速、风向、预报时次、风圈大小等。附属表定义了 MICAPS-TC 平台的用户自定义配置数据字典。MICAPS-TC 数据库的配置信息存储在一个 ini 系统配置文件中,用户在安装好数据库后,可以通过设置该 ini 文件内数据库名,连接用户名、密码等配置信息实现数据库的连接。只有当数据库配置好并连接成功,MICAPS-TC 平台才能正常启动和工作。

硬件：基于 Intel I32 架构的 PC、局域网、显示器屏幕设置标准为 1024×768。

软件：Microsoft Windows XP,MICAPS V3.0,.Net Framework 3.0,MySQL Database。

2.功能设计

图2 为 MICAPS-TC 架构图,给出了系统各功能模块的相互关系及与 MICAPS 的关系。根据实际台风业务工作的需要,MICAPS-TC 的主要功能包括：调阅和实时显示台风资料数据库的台风信息、进行台风信息的编辑和预报制作、预警信息的制作发布及帮助信息。MICAPS-TC 的各功能模块相互独立,各自负责数据的分析处理;MICAPS 是基础系统,在整个流程中起到两个作用：一是在最初阶段启动 MICAPS-TC;二是根据 MICAPS-TC 发出的信息进行绘图。

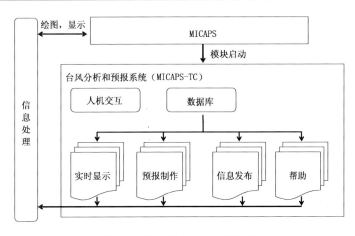

图 2　MICAPS-TC 系统架构图

（1）实时显示

启动实时显示功能,系统会自动初始化所有控件数据。初始化过程将按照上次退出程序时记录下的选择项来检索数据,以实现快速灵活的初始化到用户想要的状态。用户可根据台风的年份、编号及预报间隔对台风信息进行筛选。显示的属性设置包括:台风图例的设置、七级风圈信息、十级风圈信息、过去预报信息及袭击概率。方法选项中预报方法共计 31 种,分为主观预报方法和客观预报方法两类,各种方法均通过数据库储存,在用户筛选台风过程中如检索到此类方法,则主界面会以亮色显示。此外,方法选项中提供"本地制作"一栏,为后续预报制作功能所用。根据中国气象局热带气旋的分类规定,目前提供热带低压、热带风暴、强热带风暴、台风、强台风和超强台风共 6 类热带气旋图例。图 3 为 1007 号台风"圆规"的路径信息显示。

由图 3 可见,台风路径中的不同颜色图例可表示台风的强度信息,此外,系统还提供强度信息的显示窗口。显示的类型包括台风近中心最大风速和最低气压;显示的方法分为相同方法不同时次和相同时次不同方法两类。图 4 为北京综合方法各时次预报 1013 号台风"鲇鱼"的最大风速信息显示,图中不同的颜色线条对应不同的预报时次,黑色为实况信息。同时提供"热点数据显示"和"图片缩放"功能,以便实现清晰显示所要关注的各个数据的详细信息。

由于台风预报存在着不确定性,台风袭击概率则是一种相对客观的产品表现形式。它是指在未来一定的预报时段内,台风路径穿过特定位置、半径 120 km 范围内热带气旋集合成员数占所有成员数的比率,形成概率"烟羽"图。这种预报产品的优点是它不再局限于某一确定的时间点,而是可以使预报员能够迅速地对某一时间段的高风险区域做出判断。"烟羽"的宽度与模式的性能和集合预报的发散度关系密切[10]。预报员可自行选定台风序号、起报时间、预报时效和参与计算的预报方法(视为不同的预报成员),系统通过后台嵌入式算子完成袭击概率的计算,这一概率为特定地点、所选预报时段 120 km 影响半径内的累计概率,并在图层上显示最终计算结果。这一信息对台风引起的风险评估和防台减灾的决策服务有一定帮助,特别是在台风登陆的情形下。图 5 为 1007 号台风"圆规"未来 120 h 的袭击概率,起报时间为 2010 年 9 月 1 日 08 时(北京时),参与计算的方法有:北京综合、美国主观和日本主观等 11 种预报方法。

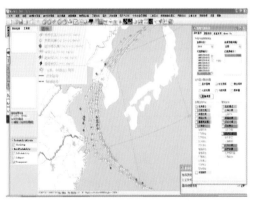

图3　1007号台风"圆规"路径信息显示

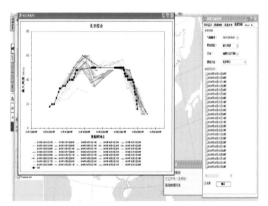

图4　1013号台风"鲇鱼"最大风速显示

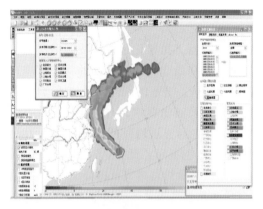

图5　1007号台风"圆规"袭击概率(起报时间：
2010年9月1日08时,预报时效120 h)

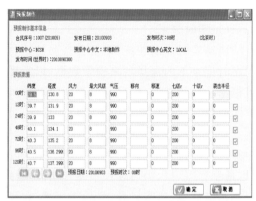

图6　预报制作窗口

(2)预报制作

通过上述实时显示功能,在对台风及环流形势有所了解的基础上,则可以进入后续的预报制作环节。在预报方法中选中"本地制作",点击"预报制作"功能选项,则预报制作窗口自动弹出(图6)。如第一次进行预报制作,则系统自动加载"北京综合"为基础信息;如已进行过预报制作,则系统会加载前一次编辑制作过的基础信息。基础信息包括:本次编辑制作的台风序号、发布日期、发布时次(北京时)、发布时间(世界时)及发布方法的代码等。

如图6所示,系统提供的预报数据涵盖了台风的位置信息:纬度和经度;路径移动信息:移向和移速;强度信息:台风近中心最低气压、最大风速、风力等级及七级和十级风圈半径;同时提供概率圆袭击半径的信息。预报员可自行选择需要编辑制作的时次和时效,系统默认提供每12 h间隔,未来5 d的编辑选项。

其中,在制作过程中,预报员可将上述台风预报的"精确信息"输入,完成制作;也可"粗略输入"台风的位置信息,然后在底图上,参考更多的地图信息,通过鼠标对MICAPS底图上各时次的台风位置进行拖动,来完成预报信息的"修正"(图7),修正后的信息无须重新手动输入预报制作窗口,系统会自动修改。

图 7 使用拖动工具编辑预报路径

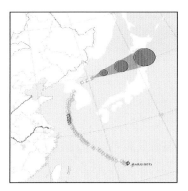
图 8 概率圆显示

概率圆袭击半径信息是用以描述台风未来移动路径的不确定性和可能影响的范围,与实时显示栏中袭击概率不同,这里更多地参考概率圆中 70% 预报误差的概念[11],由预报员根据前期预报效果和预报经验来自行定义该参数。预报员可通过实时显示栏中的"概率圆"选项,查看此类预报产品,同时亦可通过鼠标的拖动功能来实现对台风位置和概率圆袭击半径大小信息的修改,修改后的信息会自动载入预报数据栏中,无须重复操作(图 8)。

预报信息确认完成,点击"确定"按钮,预报最终结果则自动存入数据库,整个预报制作过程完成。通过上述功能的介绍,预报制作的过程可以简要归纳为以下步骤:选择编辑的台风——预报方法——载入前一次预报信息——编辑——运用拖动功能在底图上修正预报信息——保存。

(3)信息发布

台风预报制作完成后,预报员选择信息发布功能,信息发布窗口(图 9)自动弹出,通过选择台风编号和预报方法,发布信息自动载入。发布信息包括基础信息和预警信息两类,基础信息与预报制作中的信息一致;预警信息则参考中国气象局四类台风预警信号的标准,给予相应的服务产品和防御指南模板,同时提供关键字快捷方式,以方便预报员的编辑制作。信息发布编辑完成,点击发布按钮,则自动生成"台风预报信息"和"台风预警信息"两类文本,发送到系统配置文件中预报员指定的目录及服务器上。

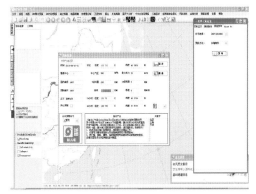
图 9 信息发布窗口

(4)帮助

MICAPS-TC 作为面向预报员的业务工具,需要和预报员建立良好的沟通和反馈,帮助模块提供给预报员一些基础信息,如计算程序参考文献、用户使用手册和联系方式等。

三、个例应用

2010年第9号热带风暴"玛瑙"(MALOU),9月3日14时(北京时)在台湾东部洋面生成(24.4°N,128.3°E),6日07时加强为强热带风暴,8日凌晨"玛瑙"在日本海南部海面变性为温带气旋,8日02时停止编号,图10给出了热带风暴"玛瑙"的移动路径,其影响范围涉及我国浙江、江苏和上海。

热带风暴"玛瑙"自生成后,一直位于副热带高压主体西南侧,受副高西南侧偏东南气流引导,移动方向以西北路径为主。在2010年9月5日实际预报服务中,5日08时500 hPa位势高度场显示(图11),"玛瑙"仍位于副热带高压主体西南侧,受副高西南侧偏东南气流引导,考虑未来24 h副高将逐步东退,引导气流逐渐转为西南偏南,"玛瑙"的移动路径的偏北分量逐渐加大。预计未来24 h之内"玛瑙"将以偏北向移动为主,6日凌晨经过上海同纬度,之后在125°E附近转向东北偏北方向,转向后移速逐渐加快。通过以上分析,进行如图12所示预报制作,图13给出了"玛瑙"的路径预报图。

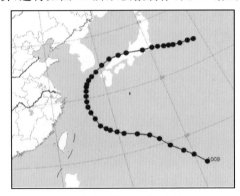

图10　热带风暴"玛瑙"路径

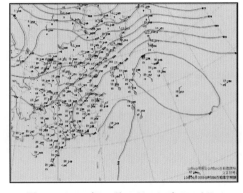

图11　2010年9月5日08时500 hPa
位势高度和850 hPa风场

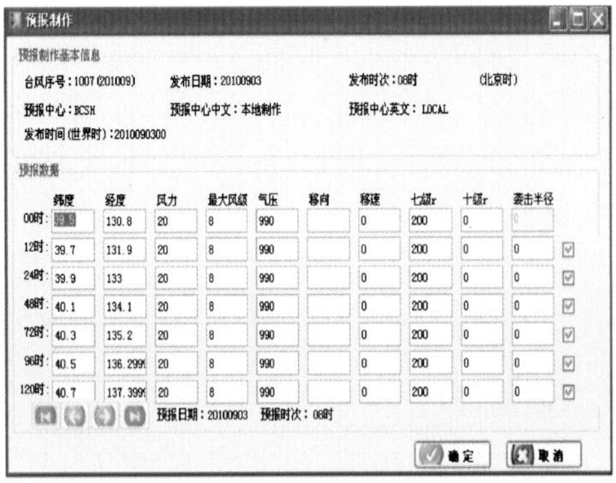

图12　热带风暴"玛瑙"预报制作窗口
(发布时间:2010年9月5日12时)

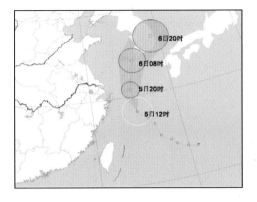

图13　热带风暴"玛瑙"路径预报
(发布时间:2010年9月5日12时)

四、小结与讨论

基于 MICAPS3 气象综合分析显示平台,设计开发了台风分析和预报系统(MICAPS-TC),该系统具备以下特点:

(1)MICAPS-TC 以模块的形式嵌入到 MICAPS 系统中,可视为 MICAPS 的一个子系统,可以与 MICAPS 通讯和交互,与 MICAPS 共同处理部分工作;同时,MICAPS-TC 自身也可视为独立的系统,由多个不同的功能模块组成,各功能模块之间相互独立,通过 MICAPS 加载而独立完成各项任务。

(2)MICAPS-TC 的主要功能包括:调阅和显示台风资料库的台风信息、进行台风信息的预报制作、预警信息的制作发布及帮助信息。

(3)MICAPS-TC 中的人机交互式的分析和预报功能,可以很大程度地融合预报员的预报思路,可最大程度地丰富预报制作的过程,满足不同用户的个性化需求和制作;一体式的操作界面也能在一定程度上提升业务工作的预报效率。

(4)MICAPS-TC 可实现从"资料显示"→"预报分析"→"产品制作"→"信息发布"的一系列操作,是一体化台风预报流程的有效尝试。

(5)MICAPS-TC 对实际台风个例的分析应用表明,系统的各项功能运行稳定,可在台风预报工作中继续推广应用。

MICAPS-TC 虽已具备台风路径和强度的调阅和分析预报功能,但在实际台风业务预报中,台风的风雨预报也是重要的部分,目前系统在此方面尚未涉及。在系统下一步的发展中,一方面需在系统现有功能和操作友好性方面进行改进,另一方面要增加"风雨影响"模块,增加台风实际风雨影响的调阅、数值预报模式风雨预报的显示及风雨预报的图形化制作等功能。此外,随着集合预报在台风预报中发挥着越来越重要的作用,在 MICAPS-TC 集合预报现有制作功能的基础上,强化制作和集合信息的提炼,也是下一步的重点发展方向之一。

参考文献

[1] 杨玉华,应明,陈葆德. 近 58 年来登陆中国热带气旋气候变化特征[J]. 气象学报,2009,**67**(5):689-696.

[2] Sampson C R, Schrader A J. The automated tropical cyclone forecasting system (Version 3.2)[J]. *Bulletin of American Meteorological Society*, 2000, **81**:1231-1240.

[3] Greg J. Holland, Lance M Leslie, Elizabeth A Ritchie, *et al*. An interactive analysis and forecast system for tropical cyclone motion[J]. *Computer Techniques*, 1991, **6**:415-424.

[4] 吴炳荣,马伟民,赵肖仪. 热带气旋咨询处理系统[C]. 第十七届粤港澳气象科技研讨会. 中国澳门,2003.

[5] 孙兴池,吴炜,赵宇,等. 山东热带气旋预报业务系统[J]. 气象,2003,**29**(11):52-54.

[6] 郑卫江,吴焕萍,罗兵,等. GIS 技术在台风预报服务产品制作系统中的应用[J]. 应用气象学报,2010,**21**(2):250-255.

[7] 郑晓阳,高芳琴. 基于 WebGIS 的台风信息服务系统研究及应用[J]. 城市道桥及防洪,2007,**4**(4):

    51-55.
[8]   李月安,曹莉,高嵩,等. MICAPS 预报业务平台现状与发展[J].气象,2010,**36**(7):50-55.
[9]   中国气象局. MICAPS3.0 用户手册. 2007.
[10]   高拴柱,张守峰,钱传海,等.基于位置误差的分布制作热带气旋路径袭击概率预报[J].气象,
    2009,**35**(9):38-43.
[11]   张守峰,钱传海,高拴柱,等.热带气旋路径预报概率圆应用[J].气象科技,2010,**38**(4):159-164.

Interactive Typhoon Analysis and Forecast System

TAN Yan[1]   *WANG Xiaofeng*[1]   *WANG Yubin*[2]   *WAN Rijin*[1]

(1 *Shanghai Typhoon Institute*, *Laboratory of Typhoon Forecast Technique/CMA*, *Shanghai*   20030；
2 *Beijing Meteorological Bureau*, *Beijing*   100089)

Abstract

According to the requirement of the operational typhoon forecast, the MICAPS-TC, a typhoon analysis and forecast system based on MICAPS3, is developed. It is implemented as modules embedded in MICAPS3. The MICAPS-TC can either complete all the tasks as an independent software system or run as a sub-system to communicate and interact with MICAPS3. The major functions of MICAPS-TC include displaying real-time information of TC(tropical cyclone), producing the forecast information of TC, editing and delivering the warning information of TC and the help message. For absorbing the ideals of forecasters and enriching experiences in the process of forecast as much as possible, MICAPS-TC emphasizes on the design theory of interactive process, which would meet the needs of different people. Meanwhile, the integrated operator interface of MICAPS-TC can also improve the efficiency of operation work. It can implement a series of operations of "data display"—"forecast analysis"—"products making"—"information delivery", which is an effort to the integrated forecast process of TC. According to the performance of the operation, MICAPS-TC could satisfy the requirement of the forecast service and is applicable for further spreading.

铁塔测风资料在上海一次雷阵雨天气预警中的应用研究

刘冬韡[1]　谈建国[1]　孙　娟[2]　胡　平[2]

(1 上海市气象科学研究所　上海　200030;2 上海市气象信息与技术支持中心　上海　200030)

提　要

本文针对 2012 年 7 月 13 日上海地区发生的一次雷阵雨天气过程,分析了上海 9 座近地层要素垂直梯度观测塔(以下简称测风塔)的风向风速观测资料在雷阵雨天气发生前后的变化情况,结果表明,在雷阵雨天气过程前、过程中和过程后存在着明显的风向和风速变化。基于风向、风速变化构建的风变化指数对雷阵雨天气的发生和结束及降水强度都有一定指示意义,基于测风塔资料的风变化指数或许可以作为判定是否发布雷阵雨天气预警信号的一种辅助决策指标。

关键词　测风塔　监测　降水

一、引　言

边界层低空风切变(水平和垂直)是中小尺度天气发生发展的动力因子之一,低层风切变能维持对流云团的发展,特别是能延长云体成熟阶段的生命史,并增加地面的累积降水量[1~3]。很多研究表明,雷阵雨天气发生前后往往会伴随较大风向和风速的变化[4,5]。根据统计,上海地区夏季短时局地雷阵雨天气比较普遍[9],而这种短时局地雷阵雨天气因为产生和消亡的时间较短,一直是短临预报关注的重点,目前主要通过雷达回波进行监测和外推预报。而雷达回波出现时往往对流云团已经发展得很旺盛。因而能否通过边界层气象要素垂直梯度观测塔(以下简称铁塔)观测的近地层风的变化对短历时雷阵雨天气过程进行监测,提供除雷达回波之外的另一种手段将有积极的意义。目前,铁塔观测资料的应用多集中于对近地层风速及温度特征的研究[6~8],对于铁塔风的资料是否可作为局地短历时雷阵雨天气监测手段的研究和应用尚少。本文利用布设在上海各区县铁塔的风资料,针对 2012 年 7 月 13 日一次短时局地雷阵雨天气过程中的变化特征进行了分析,初步探讨近地层铁塔风资料在局地短时雷雨天气监测预警中的应用。

二、资料和数据质量

1.资料说明

本研究采用布设在上海各区县 9 座铁塔观测的风资料和最临近的雨量点观测的降水资料。铁塔和雨量站点的分布如图 1 所示。铁塔的风观测设在距地面 10 m、30 m、50 m、70 m、100 m 共 5 层,本文采用 2 min 平均风速和风向。雨量则选取逐分钟降雨量资料。

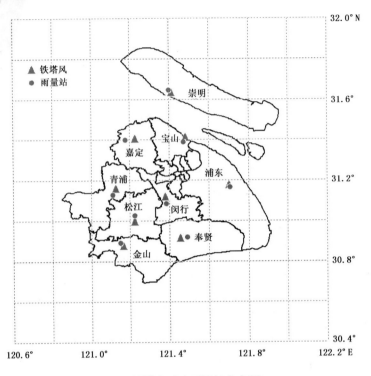

图 1　铁塔和对比雨量站分布图

2. 数据质量控制及使用

研究采用的雨量观测资料能够真实地反映此次降水过程,因而本文仅针对此次雷雨天气过程发生前后铁塔风资料进行疑误数据检查,主要是针对风向和风速长时间不动或少动表现出的"僵值"现象,疑误数据判定标准为:

(1)风向长时间变化少动:1 h 内变化幅度小于 2°;

(2)风速长时间内不变:1 h 内数值不变,各层都为静风时除外。

9 个铁塔站点信息和风观测数据质量情况如表 1 所示。

表 1　站点信息与各层次风观测数据质量

站点名称	站点坐标		资料可用率	
	纬度	经度	风向	风速
宝山	31°24′45″N	121°28′25″E	10 m:0%; 其他:100%	100 m:41%; 其他:100%
松江	31°0′43″N	121°13′34″E	10 m,100 m:0%; 其他:100%	100%
闵行	31°6′16″N	121°21′39″E	50 m,100 m:0%; 其他:100%	10 m:69%;100 m:53%; 其他:100%
奉贤	30°55′9″N	121°28′46″E	100%	50 m:79%; 其他:100%
青浦	31°9′16″N	121°7′31″E	100%	100%

续表

站点名称	站点坐标		资料可用率	
	纬度	经度	风向	风速
浦东	31°11′0″N	121°42′14″E	100%	100%
金山	30°53′37″N	121°9′33″E	10 m:0%;100 m:96%;其他:100%	100%
崇明	31°37′39″N	121°24′58″E	10 m、30 m:0%;其他:100%	30 m:0%;其他:100%
嘉定	31°24′31″N	121°13′42″E	100%	100%

由表1可以看出,各站点铁塔风的70 m高度的风向、风速数据质量最佳,其他层次都有不同程度的"僵值"数据出现,因此本文仅分析铁塔70 m高度层的风资料。

三、天气过程及数据分析

1.环流背景与降水特征

2012年7月13日,上海处于高湿区,500 hPa槽前,江苏南部850 hPa有切变线(图2)。受高空槽东移北方冷空气南下、中低空切变线和副高边缘西南暖湿气流(高不稳定能量)共同影响下,上海大部分地区产生了短时降水和雷暴天气,上海发布了雷电黄色和大风蓝色预警。

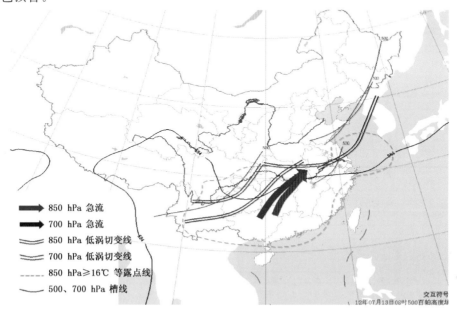

图2　2012年7月13日08时天气形势图

2.降水特征

2012年7月13日上海地区降水时段主要集中在04时至09时30分。各站点降水分

布不均匀,其中,嘉定最大 28.7 mm,崇明次之为 25.9 mm,松江和浦东(川沙)雨量点降
水不足 5 mm(图 3)。降水开始和结束时间各站也有差别,降水过程总体上从西北向东南
扩展。崇明出现降水最早,其次为宝山、嘉定,最后为奉贤,过程降水结束时间也是崇明最
先结束,最后是松江、金山。

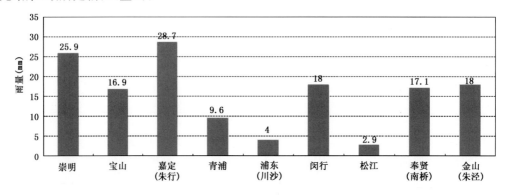

图 3　2012 年 7 月 13 日各站点过程雨量

3.雷雨过程前后的风向、风速变化

根据各站发布预警信号的情况,我们把此次雷阵雨过程大致划分为雷雨过程前(00—
04 时)、过程中(04—09 时)和过程后(09—15 时)。统计这 3 个时段各站风向和风速的变
化。由图 4 可以看出,雷阵雨过程前风向为 S-SW 风,而雷阵雨过程中则以 NW-N 为
主,而雷阵雨过程后则转为以偏西风为主。从风速分布也可看出,在雷阵雨过程发生前普
遍为 3~4 m/s(占 78%),而当雷阵雨过程中,风速增大,雷阵雨过程后风速又趋于减小。

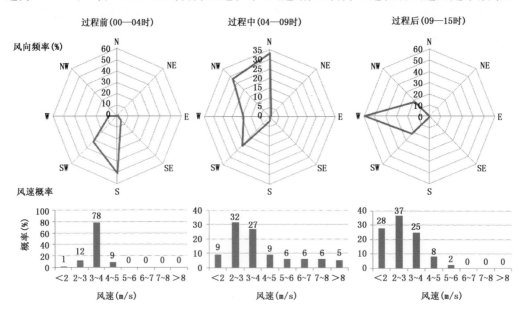

图 4　雷雨过程前后及期间所有铁塔风向风速情况

从单个铁塔站的风向和风速也可以看出相同的结果。图 5 为该日嘉定 70 m 高度铁
塔风速风向变化情况,可以看出在 04:02 和 07:30 时方向角有突变。从风向频率图上看,

在强对流发生前风向是以偏南风为主,强对流发生期间(04:00—08:00)以西北风和偏北风为主,强对流结束后以西南风和偏南风为主,风速在强对流发生前风速比较小,基本维持在 3 m/s 以下,强对流发生前突然加大,在 06:20 时之后逐渐回到 3 m/s 以下。

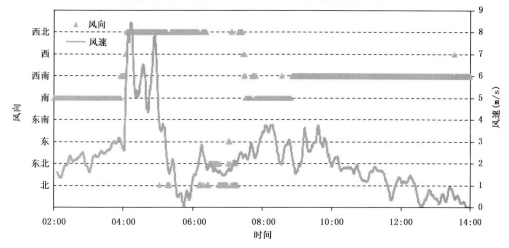

图 5 2012 年 7 月 13 日嘉定 70 m 高度风向风速变化情况

为了综合表征站点风向和风速变化的情况,我们引入一个风变化指数。由于雷雨过程中多为西北和偏北风,风速也有所增大,为此,设计了如下风变化指数:

$$Z = (V/10) * \cos WD;$$

式中:V 为风速大小,$V/10$ 即风速除以 10 m/s 进行标准化处理,WD 为风向(方向角)。V 和 WD 分别为 70 m 高度的 2 min 平均风速和风向。

4. 风变化指数与降水起止时间的关系

计算嘉定铁塔观测的风变化指数,取其 15 min 滑动平均,与铁塔附近雨量站 15 min 累积雨量变化进行比较,如图 6 所示。

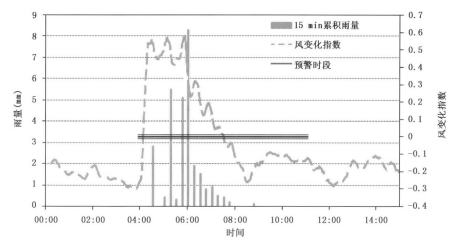

图 6 2012 年 7 月 13 日嘉定风变化指数与降水情况对比

从图 6 中可以看出,风变化指数在 04:00 左右突然加大,04:07 时由负值转变为正

值,04:32时开始降雨,并且雨势逐渐加大,06:00后风变化指数逐渐减小,雨势也逐渐减
小,直至停止。07:31时风变化指数由正值转变为负值,而主要降水时段最后一次分钟降
水在08:32时。其他各铁塔站也有类似的结果(图7)。

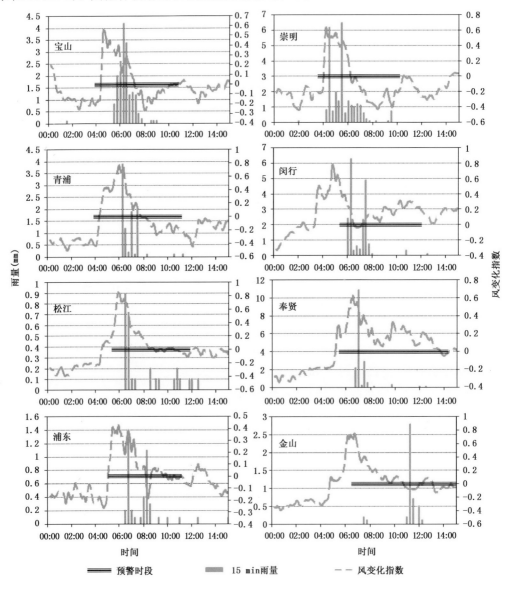

图7　各站点风变化指数、降水、预警时段情况

统计风变化指数由负值转化为正值,以及由正值转化为负值的时间,与降雨起止时间
进行比较(图8),可以看出,各铁塔风变化指数正负变换时间对于预警信号发布和/或降
水起止时间有很好的对应和指示意义,且都有一定的提前量(10~90 min不等)。由此可
以看出,基于铁塔观测风速风向计算的风变化指数或许可以作为判定是否发布雷阵雨天
气预警信号的一种辅助决策指标。

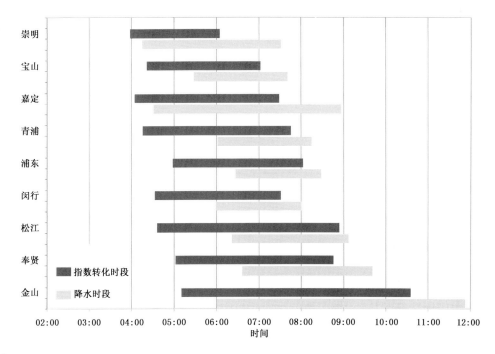

图8　2012年7月13日各站点降水起止时间及指数变化起止时间对比

5. 风变化指数与降水强度的关系

统计风变化指数在大于零时段内的平均风变化指数及各雨量点降水时间段内的平均雨强(图9)可以发现,风变化指数和平均雨强也有非常好的线性变化趋势。铁塔风变化指数或许还可以作为判定雷雨强弱的一种辅助指标。

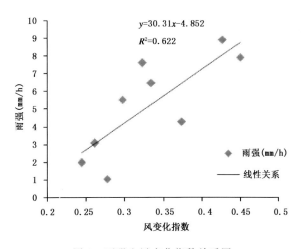

图9　雨强和风变化指数关系图

四、结论与讨论

1.结论

近地面风在风向和风速上的变化对雷雨天气有一定的指示意义。雷雨天气发生之前,从铁塔风观测资料可以看出各站都有风向转变和风速增大的过程化;而当雷雨过程结束时,近地面边界层风又会提前转变为背景风场。因此,利用铁塔风资料综合风向和风速变化构建的风变化指数或许可以作为对雷雨天气进行早监测的辅助手段,当风变化指数陡增,意味着雷阵雨过程已经或即将开始,应该关注并注意预警信号的发布,而当风变化指数趋于降低,也即预示着强降水过程即将趋于结束。针对2012年7月13日这次雷雨过程还发现,风变化指数的大小与降水强度有较好的相关性。风变化指数越高,雨强越大。铁塔风变化指数或许还可以作为判定雷雨强弱的一种辅助指标。

2.不足与讨论

本研究通过一次典型的雷阵雨过程中地面边界层风向和风速的变化探讨近地层铁塔风变化在局地雷阵雨天气过程早监测中的应用前景。但是研究个例尚不足,需要进一步通过更多的个例来验证风变化指数作为早期监测指标和一种监测手段的现实可行性。例如,应该考虑不同类型局地短历时降水风变化指数的差异。另一方面,可以更多地关注地面自动站、铁塔风垂直梯度和风廓线雷达资料的综合应用,反演边界层辐合线等生成、移动和消失等特征来监测和反映强对流过程。同时,在实际应用中还需结合雷达、水汽等资料来综合判断。

本工作得到"国家自然科学基金项目(41275021)"和上海市气象局研究型业务专项"上海铁塔风资料在强对流天气早监测中的应用研究"的资助。

参考文献

[1]　孙淑清,翟国庆.低空急流的不稳定性及其对暴雨的触发作用[J].大气科学,1980,**4**(4):327-337.

[2]　翟国庆,孙淑清.单站边界层风场结构与强对流天气[J].气象,1986,**11**:6-8.

[3]　翟国庆.强对流天气发生前期地面风场特征[J].大气科学,1992,**6**(5):522-528.

[4]　王林,覃军,陈正洪.一次暴雪过程前后近地层物理量场特征分析[J].大气科学学报,2011,**34**(3):305-311.

[5]　江玉华,刘娟,何跃,等.一次伴随冰雹的超级单体风暴特征[J].气象科技,2011,**39**(2):172-181.

[6]　赵鸣.论塔层风、温廓线[J].大气科学,1993,**17**(1):65-76.

[7]　马亮,许丽人,李鲲.铁塔近地层风场特征研究[J].装备环境工程,2010,**7**(5):20-28.

[8]　李鹏,田景奎.不同下垫面近地层风速廓线特征[J].资源科学,2011,**33**(10):2005-2010.

[9]　杨露华,尹红萍,王慧,等.近10年上海地区强对流天气特征统计分析[J].大气科学研究与应用,2007,**33**:84-91.

Application of Tower Wind Data in a Thunderstorm Weather Monitoring

LIU Dongwei[1]　　*TAN Jianguo*[1]　　*SUN Juan*[2]　　*HU Ping*[2]

(1 *Shanghai Institute of Meteorological Science*, *Shanghai*　200030;
2 *Shanghai Meteorological Information and Technological Support Center*, *Shanghai*　200030)

Abstract

Focusing on a thunderstorm weather occurring on 13 July 2012 in Shanghai, the variations of wind data(wind direction and wind speed), observed at nine meteorological towers are analyzed. The results show that there are obvious changes in the wind speed and direction before, during and after the thunderstorm weather. Based on these changes, a wind-variation index is set to see if it can be an indicator for the occurrence and ending of thunderstorm warnings and the intensity of precipitation. Therefore, the wind-variation index may be taken as a supplement indicator to decide whether or not to issue early-warning signals of thunderstorms.

基于多普勒雷达资料的强冰雹过程特征分析

范玉芬[1]　李海军[2]　潘士雄[2]　王志鹏[1]

(1 桐乡市气象局　桐乡　314500；2 嘉兴市气象局　嘉兴　314050)

提　要

通过对 2008 年和 2009 年嘉兴两次强冰雹天气的多普勒雷达资料分析,发现主要特征如下:强冰雹天气对应的反射率因子≥60～65 dBz,在高仰角反射率因子场能提早观测到强回波,若不同高度的强回波区重叠及强回波发展高度高、移速慢,则冰雹强;垂直累积液态含水量在降雹前迅速(跳跃式)增大,两次过程中强降雹时 VIL 最大值达 55～70 kg/m²,VIL 越大、中心移速越慢,则冰雹直径、密度越大;降雹前期出现气旋性切变,强冰雹天气的发展阶段有三体散射长钉特征;中气旋则表明很可能出现强冰雹;降雹回波顶高一般在 9～13 km。以上特征大部分在两次强冰雹个例中出现,可通过实时监控以上冰雹特征资料,设置合适的阈值,对预报员提早作出提示,有利于强冰雹天气的预报预警。

关键词　强冰雹　多普勒雷达　特征阈值

一、引 言

强对流天气是由大气对流活动强烈发展而引发的,是影响我国的主要灾害性天气之一[1]。冰雹天气由于其空间尺度小、生命史短、突发性强、发展演变迅速、破坏力大,预报难度极大而深受人们的关注[2]。嘉兴近两年发生的 2 次大冰雹过程,经济损失达 2 亿多元,其中 80％以上是农业灾害。目前对这类天气的预报手段有限,使用的效率也不高,国内外则利用加密的中尺度观测及卫星、雷达资料,采用变分同化技术融入非静力中尺度模式[3]等方法是该类天气的研究方向,天气雷达从半个多世纪以前开始应用于气象领域,一直是监测和预警强对流天气的主要工具。在国内有廖玉芳等[4]、郑媛媛等[5]及胡玲[6]等应用新一代天气雷达对超级单体个例进行了分析。

二、资料说明

本文中强冰雹指降至地面时直径仍在 2 cm 以上的冰雹。2008 年 4 月 8 日称为 A 过程,主要发生在 05:00—07:00 时,强中心在海宁长安附近,冰雹直径最大 2.5 cm,降雹时间从几分钟到几十分钟,冰雹密度大,积雹最厚处达 5 cm,次降雹区在海盐、平湖一带,冰雹直径 0.5～2.5 cm,时间为 07:00—08:00 时。2009 年 6 月 5 日称为 B 过程,16:30—17:45 时在嘉兴余新—凤桥出现强冰雹,冰雹直径普遍在 4～5 cm,个别有 6～7 cm,甚至局部直径＞10 cm,降雹密度大,降雹时间长达 20～40 min,另外当天在桐乡有直径 2.1

cm 冰雹,嘉善、海盐、平湖都有直径 0.5~1 cm 的小冰雹出现,但降雹时间短、密度小、雹灾轻。A、B 过程降雹面积均在 1500 km² 以上,并伴有短时暴雨、强雷电和大风天气。本文分析资料使用杭州多普勒雷达站资料,雷达站处在降雹区的西南方向,A 过程距雷达站 20~50 km,B 过程距雷达站西南方向 60~75 km。物理量及强对流指标资料来源于美国 NCAR 的 1°×1°实况分析资料,剖面单点 C 定位于(31°N,121°E),其中 4 月 8 日 08 时默认为冰雹 A 过程发生时最接近的实况资料,6 月 5 日 20 时默认为冰雹 B 过程发生时最接近的实况资料。

三、环流形势背景及共性与差异

1.天气形势

A 过程降雹前和降雹时,500 hPa 上嘉兴市处于槽前脊上,河套以西有低槽东移,但距离有 12 个纬距以上;高空槽随高度明显后倾,低压中心在 700~925 hPa 比较显著,在长江中游四川地区有闭合中心,降雹区正处在低压东传的切变线中(图略),特别在中低层 850 hPa、925 hPa 上切变是一个明显加强北抬过程,由于低压中心较深厚,并且移速较慢,雹区出现在低涡的东南象限,距冷涡中心约 7~12 个纬距。

冰雹 B 过程 500 hPa 形势与 A 过程明显不同,是沿海低槽东北冷涡型(图略),长三角地区 850 hPa 以上高空都是西北气流控制,同样也是后倾槽,300 hPa 槽线明显落后于 500 hPa,降雹过程时,中高层有一个曲率补充过程。而近地面层有强劲而浅薄的西南暖湿气流与深厚的冷平流对峙,降雹时高层有明显的冷平流,近地面层辐合切变激发不稳定能量的爆发,造成一次飑线南移,而强冰雹发生在飑线南压前的暖区中,由零星回波孤立发展而成。

2.共性与差异

通过实况和美国 NCAR 再分析资料分析,发现 2 次冰雹天气过程具有以下共性:冰雹发生在上冷下暖的极不稳定地面暖区中;冰雹即将出现时,中高层 300~500 hPa 上均有正涡度和正涡度平流;在中高层出现辐散和强的上升速度中心,上升速度中心处于 −20℃层以上;中低层有多重的辐合、辐散组合;0℃、−20℃的高度差别不大,0℃层位于 610~650 hPa(3.5~4 km),−20℃层位于 420 hPa 附近(6~7 km)。2 次过程的天气差异:高空天气形势差异大,A 过程为槽前暖脊低层切变型,B 过程为低涡冷区槽后补充型;时间上差异也大,A 过程发生在春季 4 月,B 过程发生在初夏 6 月;降雹回波初始发展方式不一样,A 为上游移入发展型,B 为飑前本地孤立回波发展型;从 2 次过程的冰雹灾情看,B 过程冰雹直径 3~4 cm,A 过程冰雹直径 2~2.5 cm,B 过程雹灾明显重于 A 过程。

强对流指数在降雹过程有以下相同特性:K 指数快速增大;Si 指数迅速减小;瑞士雷暴指数(SWISS00)迅速降低,最佳抬升指数(BLI)减小,最佳对流有效位能(BCAPE)降雹后高能快速释放,强天气威胁指数(SWEAT)迅速增大。但对流有效位能(CAPE)在 2 次过程中极大量值差距较大。

四、多普勒雷达回波反射率因子特征分析

1. A 过程

（1）主降雹区降雹回波发展初期

4 月 8 日 05:45 时,余杭附近低层(0.5°~1°仰角)有零散的 60 dBz 回波,但 1.1~2.0 km 高度(3.4°~6°仰角)上 60 dBz 强回波明显范围扩大,垂直高度上向东明显倾斜,大约倾斜 7~8 km(图 1a)。旺盛发展降雹阶段:06:03 时,原来低层在余杭附近的强回波中心东移至许村附近,东移速度快达 60 km/h,且迅速向上垂直发展,0.5°以上仰角的反射率都达到 65 dBz(图 1b),越往上越强,1.5~2 km 高度上(4.3°~6°仰角)60~65 dBz 的强回波范围长达 6~8 km、宽 3~5 km、呈东北—西南走向。至 06:15 时,回波达到鼎盛时期,中低层回波强度最强、范围最大,与 06:03 时比较,低层强中心移速比发展初期有所减缓,此时 65 dBz 的强回波范围增大(图 1c),各层的强回波向东北方向倾斜度比上一个时次有所减小,强回波范围直径达 6 km 以上,强中心在单点的持续时间达 20 min 以上,与实况

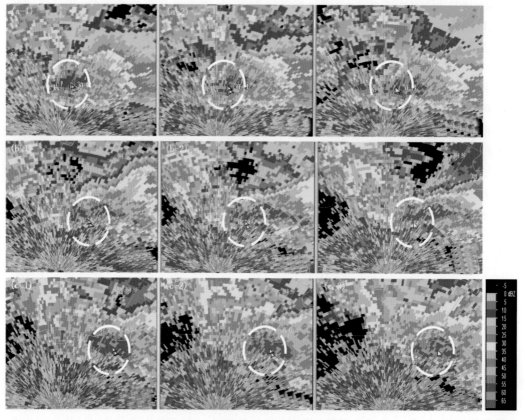

图 1　2008 年 4 月 8 日 A 过程(a-1、a-2、a-3 分别为 05:45 时 2.4°(0.9 km)、4.3°(1.5 km)、6.0°(2.1 km)的基本反射率;b-1、b-2、b-3 分别为 06:03 时仰角 2.4°(0.9 km)、4.3°(1.6 km)、6.0°(2.2 km)的基本反射率;c-1、c-2、c-3 分别为 06:15 时仰角 2.4°(1.2 km)、4.3°(2.0 km)、6.0°(3.0 km)的基本反射率)

比较符合。消散减弱阶段：经过 30 min 以后，强冰雹主体回波开始减弱，06：45 时，低层 ≥60 dBz 的回波基本消失，主降雹过程结束。

（2）次降雹区

07：00—08：00 时，回波向东偏南移动，07：15—07：40 时接近海盐、平湖边界时，发展至最旺盛阶段，0.5°～6°仰角的反射率因子上有≥60～65 dBz 的强回波，最强发生在 2～6 km 高度上，但其范围比第一次降雹明显减小，东移速度达 60 km/h，0.7～7 km 不同高度上强回波向东—东南明显倾斜，07：34 时回波在海盐即将入海时发展至最盛，3～5 km 高度上 65 dBz 的强回波面积最大，强中心有所重叠（图略），但由于强回波移动速度快，在单点停留时间短，雹灾弱于第一过程。08：00 左右强回波中心东移入海，过程结束。这一过程反射率因子≥65 dBz 有 4～6 个雷达体扫，出现在 2～3 km 高度。

2. B 过程

（1）主降雹区快速发展阶段：主回波带（飑线）在苏南地区，距主回波带约 40 km 的暖区里，嘉兴附近有孤立回波生成，并迅速发展而成强降雹回波。16：18 时嘉兴上游地区有

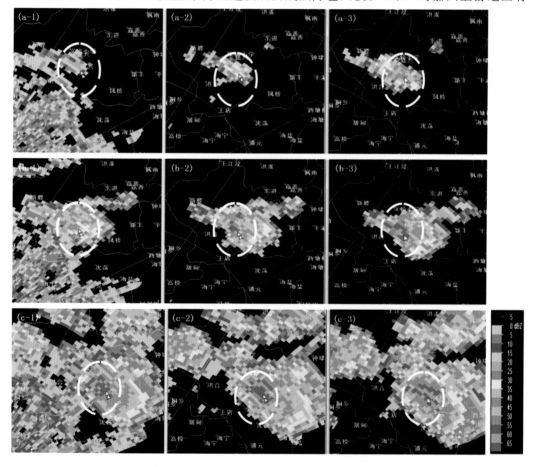

图 2   2009 年 6 月 5 日 B 过程（a—1、a—2、a—3 分别为 16：24 时 0.5°(0.9 km)、1.5°(2.0 km)、2.4° (3.0 km)的基本反射率；b—1、b—2、b—3 分别为 16：36 时仰角 0.5°(0.9 km)、1.5°(1.9 km)、2.4° (2.9 km)的基本反射率；c—1、c—2、c—3 分别为 17：00 时仰角 0.5°(0.9 km)、1.5°(2.0 km)、2.4° (3.1 km)的基本反射率）

弱回波(3°仰角),至16:24—16:36时,回波的强度与范围迅速发展(图2a、b),在1.5°、2.4°仰角上已经有55~60 dBz的强回波生成;而0.5°仰角到16:42时才出现55~60 dBz的强回波。

(2)强降雹时段:16:48—17:00时不同高度上的回波发展至最强(图2c),≥55 dBz的强回波呈NW—SE走向,长10~15 km,宽4~7 km,强回波朝移动方向伸展,≥60 dBz以上强回波在余新凤桥一带维持30~40 min。≥55 dBz强回波维持在10次雷达体扫以上。

(3)降雹回波减弱时段:17:18时回波(图略)有所减弱,范围明显缩小,高仰角60 dBz的强回波减小更明显。18:00时3个不同仰角处60 dBz的强回波消失,0.5°仰角强回波消失最快。

其他两个地区的降雹,一是桐乡石门地区17:00—17:20时出现直径2 cm左右的冰雹,回波强度达60~65 dBz,强回波维持4个雷达体扫时间,但是移动速度快、范围小、持续时间短,故雹灾有所减轻。另一处是嘉善附近,最强回波也达到60 dBz,但维持时间更短,东移速度快,只有轻微雹灾。

3.两次强冰雹反射率共同特性

(1)强冰雹开始阶段,在2~3 km(高仰角)高度上首先产生60~65 dBz的强回波,发展强盛时0.5~3 km高度上都有强回波,降雹结束阶段,3 km高度的强回波提前减弱。

(2)强冰雹出现时,A和B过程最大反射率因子强中心达60~65 dBz,与宋晓辉等[7]的分析相符合。

(3)强冰雹发生时,强回波存在明显的前倾(发展方向)结构[7],严重时在3 km的高度上倾斜5~7 km;冰雹强盛期倾斜度小于发展初期和衰减期。

(4)雹灾程度与60~65 dBz强回波移动速度有关,A、B两个过程在单点停留时间在4~9个雷达体扫时间,雹灾显著。

五、垂直累积液态含水量(VIL)降雹过程中迅速增加

垂直累积液态水含量(VIL),其定义为液态水混合比的垂直积分。液态水混合比是通过雷达测量的反射率因子和雨滴之间的经验关系进行计算的:

$$M = 3.44 \times 10^{-3} Z^{4/7}$$

根据美国俄克拉何马州的统计[8],5月对应于出现强冰雹的垂直累积液态含水量VIL的阈值为55 kg/m²,6月、7月和8月的相应阈值为65 kg/m²。Amburn和Wolf[9]定义VIL与风暴顶高度之比为VIL密度,研究了1994年12月至1995年7月这段时间内美国共221个冰雹个例,得出强冰雹发生对应的阈值是3.5 g/m³。

1.A过程

4月8日06:00以前,回波发展阶段时VIL在35~40 kg/m²,≥35 kg/m²的范围在05:30以后明显扩大,在余杭、许村附近有东西向长达10 km的35 kg/m²的大中心,06:03以后强中心东移发展至40 kg/m²,06:15中心加强为55 kg/m²(图3a),06:15—06:27时是主要降雹时段,≥55 kg/m²出现3个雷达体扫,强中心移动速度约30 km/h,范围明显扩大。另外需要说明的是,第一降雹区距雷达站太近,仅25 km左右,在雷达静

锥区,VIL 可能被低估[8],实际的 VIL 可能更大。第二个发展过程,07:00—07:30 在海盐附近发展,VIL 最大值为 60 kg/m²,≥55 kg/m² 维持时间 4 个体扫,中心移速较快,约 60 km/h。

2. B 过程

16:30 时之前 VIL 值很小,在 0～5 kg/m²,16:30—16:36,中心强度迅速增强到 50～65 kg/m²,16:42～16:48,中心强度达 65～70 kg/m²,范围达最大(图 3b),16:36—17:40 期间近 1 h,余新与凤桥之间 VIL 值≥55 kg/m²,强中心移动速度约 20 km/h,最强时段出现在主降雹的前 30 min 内,强中心移速很慢,≥55 kg/m² 出现 9 个雷达体扫,≥65 kg/m² 出现 4 个雷达体扫。另外在桐乡石门和嘉善附近也有冰雹出现,VIL 值在降雹前跃升到 55 kg/m² 以上,并维持 4 个体扫时间,中心最强分别达 65、60 kg/m²。

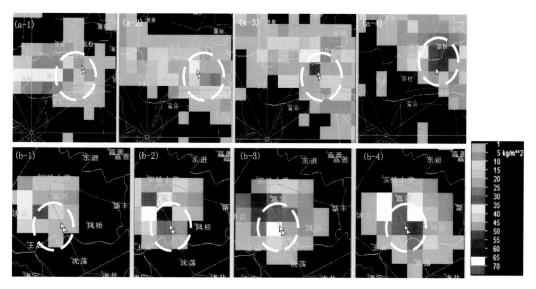

图 3　a—1、a—2、a—3、a—4 为 A 冰雹过程在 05:45、06:03、06:15、06:27 时的液态水含量图;
b—1、b—2、b—3、b—4 为 B 冰雹过程在 16:30、16:36、16:42、16:48 时的液态水含量图

总结两次过程,具有以下特点:

(1)两过程在降雹前 VIL 值均有一个明显的跃升过程,这一特点与王福侠等[10]的研究结论相符合,冰雹发展初期的 2 个以上体扫 VIL 值呈跳跃性增长[11]。

(2)A、B 过程 VIL 最大值达 55～70 kg/m²,分别出现在降雹中后期和中前期,≥55 kg/m² 维持 4～9 个体扫。而单纯雷雨的 VIL 很低,一般在 1～25 kg/m²,少数≥30 kg/m² 以上[12],说明 VIL 值≥50～55 kg/m² 以上,与冰雹有很好的对应关系,是冰雹预报中简单、直观、效果很好的产品。

(3)VIL 中心的移动速度在 A、B 过程中相差大。如果强中心 VIL 值越大,移动速度越慢,那么冰雹灾害越严重[10,12]。

六、径向速度场上的辐合(中气旋)特征

1. A 过程

降雹区在径向速度场上显示为靠近雷达一侧为正速度,而在其远离雷达一侧为负速度,主降雹区有中尺度辐合存在,由于雷达站距降雹区太近,其径向速度场特征不明显,东移至沿海一带时次降雹区中有弱的中气旋(分析略)。

2. B 过程

16:24 时 2.4°仰角上嘉兴本站附近有一正、负速度对,辐合形成,低仰角(1 km)到 16:30 时才有正、负速度对产生;16:36—16:54 是速度场加强发展时期,2.4°仰角(3 km 处)速度对明显,辐合中心随高度向西北倾斜,至 16:48 和 16:54 时(图 4a、b)可以判断[13]出现了一个弱的中气旋,16:48 时核区直径小于 10 km,转动速度为 12 m/s,弱中气旋在这次降雹过程中维持了 3 个体扫,速度对中心经过区域与实际强冰雹区域较吻合。17:00 时,2、3 km 处的速度场有多个正负速度中心(图 4c),中心以较快的速度向西南行,至 17:18 时,1 km 高的速度场中无正负速度对,强降雹天气基本结束。

(1)冰雹天气的径向速度场高仰角观测,先于降雹前 2~3 个体扫时间观测到速度对,速度对的中心区域对应降雹中心区域。

(2)在 B 过程 3 km 高度上有 3 个雷达体扫出现了弱中气旋,中气旋是超级单体风暴的重要特征[13],若发现中气旋,则有强烈天气出现,很可能出现冰雹,中气旋持续的时间和旋转强度决定了天气的剧烈程度[12]。

(3)若不同高度(仰角)上有辐合速度对出现,则判断风暴发展最为旺盛阶段,若 1 km (0.5°)高度上转成单一的负(正)速度场,则主要的强对流天气减弱消亡。

七、B 过程中三体散射长钉(TBSS)

天气雷达在探测强烈雹暴时常常会出现一种称为三体散射的回波假象,也简称 TBSS。俞小鼎等[13]、吴剑坤等[14]研究认为,TBSS 是存在强冰雹的充分非必要条件。廖玉芳等[15]对湖南 10 次强对流事件中 23 个产生 S 波段雷达三体散射雷达特征分析得出:S 波段雷达三体散射的最小反射率因子在 60 dBz 左右;80%左右的产生 2 cm 以上直径冰雹的强雹暴都产生了三体散射;高反射率因子的区域越大,TBSS 的长度就越长;TBSS 主要在雹暴位于雷达的西半侧时出现,雷达在回波的东半侧,容易被上游的回波覆盖,而无"长钉"现象。

A 过程没有发现三体散射现象,而 B 过程只有在冰雹旺盛初期 17:00 时出现,0.5°和 1.5°的反射率因子(图 5)上可清晰看到,后期被上游移来的回波所遮挡,另外长钉观测一定要注意雷达站与强回波的直线延伸段上,不要与其他回波混淆,可结合前后时次、上下层反射率对比分析加以判断。因此可将三体散射回波特性作为大冰雹的预警判别指标[15]。

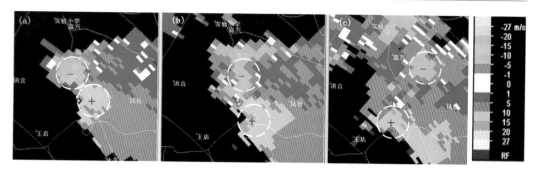

图4　(a)、(b)、(c)分别为B冰雹过程在2.4°仰角(前头处高度3 km)16:48、16:54、17:00的速度图

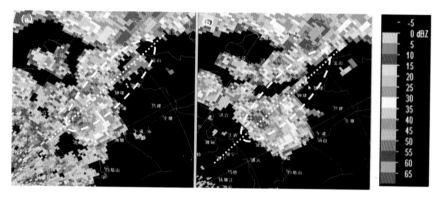

图5　(a)、(b)分别为B冰雹过程17:00时0.5°、1.5°仰角时反射率回波散射长钉

八、回波顶高与雷达风廓线

1. 回波顶高

（1）A过程：降雹过程顶高9～12 km，最大降雹时顶高在9～11 km，降雹云东移时发展，顶高最高12 km，直径范围在10 km左右，东南—西北走向。

（2）B过程：降雹过程顶高9～12 km，最大降雹时顶高在11～12 km，基本与雹区吻合，降雹云发展时，顶高曾到过12 km，最高处出现在雹区的东北区，雹云入海后18:12时在海上发展阶段旺盛，顶高达15 km。

单纯的回波顶高是判断对流是否旺盛发展的一个方面，实际运用中主要考虑−20℃高度上反射率因子强度≥45～55 dBz[13]。

2.雷达风廓线

雷达风廓线与实际探空风廓线之间具有较好的相关性[16]。分析A、B两个过程的风廓线资料，由于两次过程中A为西部移入发展，B为本地孤立发展，处在过程西南方向的雷达风廓线资料A过程近，有提前量反应，而B过程明显滞后，资料的实用性不大。A过程的风廓线资料作以下分析。

在05:45时以前，从低层到高层有一个明显的顺时针旋转（图略），近地面层是强劲的东到东南风，1 km上空是强劲的偏南风，1.8～7 km是西南风，7 km以上是强劲的偏西风，这样7 km以下风的垂直切变值达40 m/s，强的垂直风切变能够产生与阵风锋相匹配的风暴运动。在降雹过程中,低层为东南风,10 km 左右高层的偏西风一直维持,其中在06:00—07:00 时中层(5~7 km)的西南风有一个显著的加大过程,使得暖湿气流源源不断地输入,水平螺旋度的增加[17]使风暴内部产生旋转上升气流,触发不稳定能量[18,19],有利于强对流单体垂直发展。

九、强冰雹天气实时监测预警

冰雹是强天气的一种极端现象,实际应用设计可分潜势预报和临近监测两部分。潜势预报主要进行强冰雹发生可能性大小的预报,而临近监测重点在于对冰雹实况的监视提醒。对于潜势预报,我们可以根据上一天 20:00 或当天 08:00 中尺度区域模式数值预报资料,计算出当天午后到夜里嘉兴各类表征大气稳定度的物理量场,然后按照不稳定能量的强弱来指示发生冰雹可能性的大小,综合得出冰雹潜势预报结果。临近监测主要基于对各种多普勒雷达产品的扫描,用户可以根据需要在雷达图上圈选出任意的范围(如所在地的上游地区),计算机程序自动定时扫描各类雷达产品,对区域内满足本文的分析指标(如高仰角反射率因子强度≥55 dBz、垂直累积液态含水量≥45 kg/m² 等)的回波给予提醒。另外监视回波顶高图,并自动与当日的 0℃层、-20℃层高度进行比较。同时自动列出当前的速度图、强度图及实况等,供预报员进行人工分析。预报员可根据雷达资料及资料中回波中心、VIL 中心等的移动变化情况,使用预报经验外推、生消判断等,预报 0~1 h 内冰雹发生的可能性及移动方向。

十、结　论

(1)A、B 过程在出现冰雹时,反射率回波强度均达到≥60~65 dBz,这是强冰雹天气的最显著特征,若多仰角的强回波区重叠、强回波发展高度高、移动速度慢,那么冰雹天气越强。

(2)在高仰角的反射率图能提早观测到降雹强回波,所以观测高度至少提高到 2~3 km 及其以上;反射率回波三体散射长钉特征能够有效判断强冰雹发生。

(3)垂直累积液态含水量(VIL)在降雹前迅速(跳跃式)增大;A 过程时 VIL 最大值是 55 kg/m²,B 过程最大达 70 kg/m²,若 VIL 值越大,VIL 强中心移动速度越慢,则冰雹直径、密度越大。

(4)径向速度场在降雹初期就显示气旋性切变,它的特性能很好地指示强冰雹的发生、发展和消亡,径向速度场上出现中气旋则表明很可能出现强冰雹。

(5)除了弱中气旋和三体散射长钉的雷达回波特征只有 B 过程中出现,以上其他的多普勒雷达资料特征为 A、B 过程共有,由于冰雹实况 B 过程大于 A 过程,所以其各类阈值相应提高,在数值预报模式综合潜势输出的平台上,对雷达实时观测资料设定冰雹预警单元的自动报警,是提高 0~1 h 的冰雹临近预报有效手段。

参考文献

[1]　杜秉玉,官莉,姚祖庆,等.上海地区强对流天气短时预报系统[J].南京气象学院学报,2000,23

(2):242-250.

[2] 周后福,邱明燕,张爱民,等.基于稳定度和能量指标作强对流天气的短时预报指标分析[J].高原气象,2006,(4):716-722.

[3] Wu Bing. Dynamical and microphysical retrievals from Doppler radar observations of a deep convective cloud [J]. *J. Atmos. Sci.*,2000,**57**:262-283.

[4] 廖玉芳,俞小鼎,郭庆.一次强对流系列风基个例的多普勒天气雷达资料分析[J].应用气象学报,2003,**14**(6):656-662.

[5] 郑媛媛,俞小鼎,方翀,等.一次典型超级单体风暴的多普勒天气雷达观测分析[J].气象学报,2004,**62**(3):317-328.

[6] 胡玲.超级单体雹暴的多普勒雷达特征分析[C].中美强对流天气临近预报技术国际研讨会文集[M].北京:气象出版社,2004:173-176.

[7] 宋晓辉,柴东红,蔡守新.冰雹天气过程的综合分析[J].气象科技,2007,**35**(3):330-334.

[8] 俞小鼎,姚秀萍,熊廷南,等.多普勒天气雷达原理与业务应用[M].北京:气象出版社,2006:314,187.

[9] Amburn S A,Wotf P L. VIL density as a hair indicator[J]. *Wea Forecasting*,1997,**12**:473-478.

[10] 王福侠,张守保,裴宇杰,等.可能降雹多普勒雷达产品特征指标分析[J].气象科技,2008,**36**(2)228-232.

[11] 李文娟,郑国光,朱君鉴,等.一次中气旋冰雹天气过程的诊断分析[J].气象科技,2006,**34**(3):292-295.

[12] 刁秀广,朱君鉴,刘志红.三次超级单体风暴雷达产品特征及气流结构差异性分析[J].气象学报,2009,**67**(1):133-146.

[13] 俞小鼎,姚秀萍,熊廷南,等.多普勒天气雷达原理与业务应用[M].北京:气象出版社,2006:118-119,150-155,200.

[14] 吴剑坤,俞小鼎.强冰雹天气的多普勒天气雷达探测与预警技术综述[J].干旱气象,2009,**27**(3):197-206.

[15] 廖玉芳,俞小鼎,吴林林,等.强雹暴的雷达三体散射统计与个例分析[J].高原气象,2007,**26**(7):812-819.

[16] 杨梅,李玉林,单九生,等.新一代雷达风廓线与探空风廓线资料相关分析[J].气象,2006,**32**(6):20-24.

[17] 寿绍文,励申申,姚秀萍.中尺度气象学[M].北京:气象出版社,2003:291-230.

[18] 孔燕燕.强雷暴预报[M].北京:气象出版社,2001:39.

[19] 陆汉城.中尺度天气原理和预报(第二版)[M].北京:气象出版社,2004:58-59.

The Characteristics Analysis of Doppler Radar Data of Two Strong Hail Weather Processes in Jiaxing

FAN Yufen[1]   *LI Haijun*[2]   *PAN Shixiong*[2]   *WANG Zhipeng*[1]

(1 *Tongxiang Meteorological Bureau of Zhejiang Province*, *Tongxiang*   314500;
2 *Jiaxing Meteorological Bureau*, *Jiaxing*   314050)

Abstract

By analyzing Doppler weather radar data of two strong hail weather processes in 2008 and 2009 in Jiaxing, we found the following main features: the reflectivity is greater than or equal to $60 \sim 65$dBz. Strong reflectivity echo can be early detected on high-elevation fields. If strong echoes at different heights overlap, then the hail weather will grow. The higher the strong echo develops and the more slowly it moves, and the more intense hail lives. Vertically integrated liquid water content (VIL) increases quickly before the hail appears. The maximum VIL values in A and B processes are up to $55 \sim 70$ kg/m^2. The bigger the VIL value is and the more slowly the VIL center moves, and the greater the hail diameter and density are. Cyclonic wind shear on the radial velocity field appears in the early period of hail process. Radar echoes have characteristics such as three-body scatter spike and mesocyclone when hail develops strongly. Radar echo top is generally between $9 \sim 13$ km. Most of these characteristics exist in both cases. By monitoring these feature values, we can make an early reminder of strong hail weather.

基于地面观测资料同化的飑线过程数值模拟试验

俞　飞[1]　付伟基[2]　姬鸿丽[3]

(1 中国民航飞行学院洛阳分院　洛阳　471000；2 96251 部队气象室　洛阳　471000；
3 河南省洛阳市气象局　洛阳　471000)

提　　要

地面自动站观测资料相对其他常规和非常规资料而言，其观测量均为模式变量，且时空分辨率高。将这种非常规资料直接同化到数值模式中强对流天气的模拟预报，相对于雷达、卫星等其他非常规资料的同化模拟预报而言还较少。本文应用 WRF(V2.2)－Var 模块将地面观测资料(常规地面观测站与自动站)同化形成 WRF 模式初始场，对 2006 年 6 月 25 日 13 时至 21 时在河套地区发生的一次强飑线天气过程进行了模拟预报研究，结果表明，用近地层相似理论将地面观测资料同化形成数值模式初始场能起到一定的作用，地面观测资料对 700 hPa 和 500 hPa 温度场、高度场、风场的同化分析增量都有影响，地面资料同化后加大了温度场和高度场的梯度，但对各物理量场的影响不一样，其中影响最大的是温度场资料，其次为高度场；通过比较、分析地面观测资料同化对模式初始场和预报结果的影响发现，地面观测资料同化的模式初始场中含有更多的中小尺度信息，改善了模式的初值，提高了飑线天气过程的模拟效果。

关键词　三维变分　资料同化　飑线过程　数值预报

一、引　言

WRF(Weather Research and Forecast)模式系统是由许多美国研究部门及大学共同参与开发研究的新一代中尺度预报模式和同化系统[1]。模式是一个完全可压非静力模式，采用 Arakawa C 差分格式，垂直坐标采用质量坐标，其最终目标是解决水平分辨率为 1～10 km、时效为 60 h 以内的有限区域天气预报和模拟问题。具有实时输入资料、采用先进的物理过程参数化方案、可在全球各地设置不同的计算机平台上运行等诸多特点。WRF 模式在天气预报、大气化学、区域气候、大气模拟研究等方面有广泛的应用前景，可使新的科研成果运用于业务预报模式更为便捷，有助于开展针对我国不同类型、不同地域天气过程的高分辨率数值预报和模拟研究。WRF(V2.2)可以直接同化地面观测资料，这为地面观测资料在模式中的应用提供了良好途径。

随着同化技术的发展、模式分辨率的逐步提高，常规探空(高空温、压、湿、风场)资料已经越来越不能满足其需要。因为 300 km 间距或其以上探空网站的探测点稀疏，用于客观分析的常规观测资料密度不够，使物理量场分析往往过于平滑，不能提供有足够精度的物理量水平梯度，从而导致风场、非绝热加热和湿度初始场缺少协调性，在资料客观分析中往往丧失掉了一些很重要的中尺度特征。因此仅用常规探空获得的初始场中,会较大程度地漏掉中小尺度系统。张大林等[2]认为,若在中尺度数值模式的初始场中同化更多的中尺度信息,能够在一定程度上克服上述缺陷。随着非常规资料在模式中的应用不断体现出较好效果,将地面观测资料直接同化进数值预报模式的研究也越来越受到关注。徐枝芳等[3]通过近地层相似理论将地面观测资料进行三维变分同化分析,研究结果表明:通过近地层相似理论将地面观测资料同化到数值模式能起到一定的作用,并且地面观测资料(温度、湿度、风场、地面气压)中各物理量同化到数值模式都能影响 24 h 降水预报。以上研究结果表明,地面加密观测资料同化对提高模式预报水平具有显著意义。2006 年 6 月 25 洛阳地区经历了一次强飑线过程,引发了严重的风灾。本文用 WRF(V2.2)—Var 模块将地面观测资料(常规地面观测站与自动气象站)同化获得 WRF 模式初始场,并对该过程进行了模拟预报。比较、分析了地面观测资料对模式初始场和预报结果的影响,以期能对该飑线进行精细的模拟,加强对该类天气过程的认识,寻找预报该类天气的手段,提高其预报预警的时效和准确率。

二、飑线天气概况

本次强飑线天气过程持续约 9 h,具有生成突然、发展迅速和移速快的特点。2006 年 6 月 25 日 13 时,在山西—陕西中部—甘肃东南部一线出现了发展的对流云,此后新对流不断生成、合并加强,最后发展成为飑线。飑线先后影响了晋南和豫西等地,部分地区受灾严重,其中洛阳市受灾人口 4.2 万,直接经济损失超过 600 万元[4]。从卫星云图(图略)上看,河套地区 12 时前天气晴好,中午开始有零星的对流云生成,午后对流云团迅速发展,到 17 时连接形成东北—西南向的带状强对流云系,云带以 45 km/h 的速度向东南方向移动,在移动中不断加强,到 20 时云带逐渐演化成两个强对流云团,之后开始减弱,对流云团范围不断减小,趋于消散。

1.环流形势分析

飑线过程发生前,高空处于槽后强冷的西北气流控制下,低层由于有较强的西南暖湿气流,形成深厚位势不稳定区(图略)。另外配合低空有切变线、槽线及地面冷锋的辐合抬升提供动力机制,高空西北气流引导低层切变线和地面冷锋快速移动,与前面暖湿空气快速交汇,使得暖湿空气强烈上升,从而促使飑线迅速形成和发展。

6 月 25 日 08 时河套地区天气晴好,500 hPa 处于槽后宽广的西北气流控制,槽后有一高空急流维持,从 24 日 20 时到 25 日 08 时急流加强,并由片状分布转变为带状分布,到 25 日 20 时急流区范围扩大(图略)。25 日 08 时 700 hPa 河套西部地区银川—兰州—西宁一线有一切变线生成,切变线前部由弱暖高压控制并有强的西南暖湿气流,切变线处于 500 hPa 槽后,切变线在高空强的西北气流引导作用下向东南方向快速移动,到 20 时移动到山西长治—西安一线,同时切变线前部西南暖湿气流非常活跃并进一步加强北进,从郑州站的风向变化可以看出:郑州站在 08 时受西北气流控制,到 20 时转为西南气流控制(图略)。对应 700 hPa 切变线位置,850 hPa 有一低压槽,槽前有大片暖区配合,槽后有冷平流。通过以上分析,700 hPa 切变线和 850 hPa 槽前暖湿空气,配合高空 500 hPa 槽后西北冷空气建立了深厚的位势不稳定区,为飑线的发生提供了不稳定条件,同时配合地面冷锋的南下,冷锋上的辐合上升气流为飑线的生成提供了抬升机制。

2.雷达回波分析

图1为2006年6月25日飑线影响洛阳前的多普勒雷达回波图像。雷达(三门峡雷达站)位于(34.7°N,111.1°E),图上的每一个等距离圈代表100 km。从图1a可见,回波在14时主要分布在雷达站的北部,即位于第一、四象限,沿东－西走向呈带状分布,东西长度超过600 km,大面积的回波强度在20～50 dBz,超过45 dBz的强回波分布在回波带的西北,最大回波强度超过50 dBz,并能清晰地看到强回波带从中间断裂成为两支。到20时(图1b)回波已位于三门峡,强度已发展成反射率因子超过50 dBz的回波,并连成了一条长度约300 km的东北－西南向的强飑线带状回波。

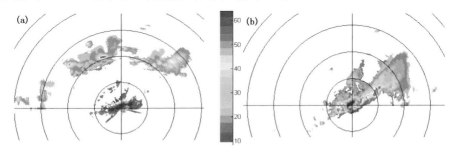

图1　不同仰角上雷达反射率因子分布

(a)14时07分(仰角0.44°);(b)20时01分(仰角1.5°)

图2为2006年6月25日20时25分三门峡雷达基本速度图。从雷达基本径向速度场可明显看到飑线前沿的阵风锋表现为一条明显的辐合带,为西北风与东南风的辐合。在发展阶段,还出现了小尺度的辐合系统和小的逆风区,并在同一风向中表现有明显的风速辐合。在飑线发展前期小逆风区出现得较多,而在后期主要表现为飑线前沿的风辐合带。

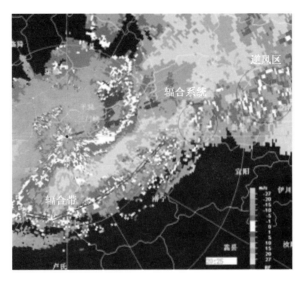

图2　2006年6月25日20时25分三门峡雷达基本速度图

三、地面资料同化处理方法

资料来源于常规地面观测站与自动气象站的地面观测资料,观测量为模式变量,包括温、压、风、湿等多种气象要素,特别是地面自动站资料信息更新及时,而且随着我国气象观测工作的不断加强,站点在不断加密,这些资料时空分辨率明显比常规探空资料高。但就数值模式而言,这些高质量的观测资料还没有被充分利用以改善数值模拟。主要原因在于我国地形、地貌相当复杂,模式地形与观测站地形高度存在较大差异,且差异大小分布不均,因此造成地面观测资料同化进入模式时实际观测站地形与模式地形间的不匹配。为解决如何利用好地面观测资料的问题,国内外学者进行了一些研究。郭永润方案[5]利用相似理论建立 10 m 高度风场和 2 m 高度温度及湿度观测算子以及相应的切线和伴随程序,将地面气压折算到模式 σ_{kx} 层,再进行极小化运算。但该方案没有考虑模式地形与观测站地形的高度差异,假定所有测站的资料(除地面气压)都位于模式层面。徐枝芳[6,7]对郭永润方案作了改进,利用 MM5_3DVAR 探讨了是否需要考虑模式与实际观测站地形高度差异的问题,并分析了这两种地面资料同化方案的优缺点。此外,还有利用近地层相似理论进行地面观测资料同化的 Ruggiero 方案[8],按照模式地形与实际观测站地形高度的差异,分三种情况进行资料同化:①当测站地形高度大于模式最低层高度,则地面观测资料作为高空资料进行同化;②当模式最低层高度大于测站地形高度 100 m 以内,则利用背景场信息将该站点观测资料反演到模式最低层;③当模式最低层高度大于测站地形高度 100 m 以上,则将该站点资料剔除。为保证地面观测资料的使用质量,本文采用 Ruggiero 方案对常规地面观测站资料与自动气象站资料进行同化形成初始场,即在6 月 25 日 14 时将前后 2 h 的资料同化进 NCEP 背景场中。

四、试验设计和三维变分资料同化试验结果

1. WRF 模式三维变分系统(3D-Var)简介[9]

资料变分同化的最基本目的是综合利用各种观测信息和模式预报结果及其误差统计特征对大气状态进行最优估计。WRF-3DVAR 是与 WRF 模式相配套的资料同化系统,它是在 MM5 模式的三维变分同化系统基础上发展起来的,它通过对目标函数的迭代过程,在分析时刻生成对真实大气的最优估计,为模式提供最优初始场。目标函数及其梯度分别为:

$$J(x) = J_b(x) + J_o(x) = \frac{1}{2}(x-x^b)^T B^{-1}(x-x^b) + \frac{1}{2}[y^o - H(x)]^T (E+F)^{-1}$$

$$[y^o - H(x)]\nabla J = B^{-1}(x-x^b) + H^T(E+F)^{-1}[H(x) - y^o]$$

变分问题可以简单地归结为通过迭代方法获得使 $J(x)$ 极小的分析场 x,分析场 x 代表了在两种预先条件:初猜场 x^b(背景场)和观测场 y^o 条件下的大气真实状态的最大似然估计。每一格点上的调整由它们的误差协方差矩阵决定:B、E 和 F 分别为背景、观测和代表性误差协方差矩阵。代表性误差是指由观测算子 H 从分析场 x 向观测空间 y 的转换 $y = H(x)$ 过程中造成误差的估计。

2.试验设计

采用 WRF(V2.2)对飑线过程进行模拟试验。模式设计为:水平方向采用两重单向嵌套模拟,粗网格格距 45 km,格点数为 100×100,细网格格距 15 km,格点数为 136×142,垂直方向设置为 35 层。模式框架选用了欧拉质量坐标(非静力),时间积分方案为三阶精度 Runge-Kutta 积分方案(时间分裂方案),时间步长取为 30 s,预报时效为 12 h,起报时间为 2006 年 6 月 25 日 08 时,侧边界采用每 6 h 更换 1 次的松弛方案。该模式包括了较丰富完整的物理过程,具体方案不再详述,其中考虑到辐射过程在短时间内变化不大,为节省计算机资源,辐射过程每 30 min 调用 1 次,其他物理过程每步调用 1 次。

3.资料三维变分同化试验结果

(1)模拟区域资料站点分布图

图3、图4分别给出了模拟区域中常规探空、地面常规观测和地面自动气象站的空间分布。图3表明常规探空测站较少,站距为 $100 \sim 200$ km,但其空间分布均匀,能较好地监测模拟区域中高空大、中尺度天气系统的变化。

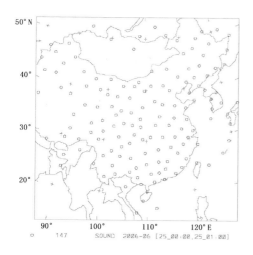

图3 常规探空站站点分布图
(含 147 个探空站)

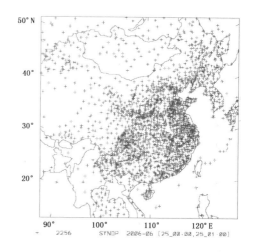

图4 地面常规观测与自动气象站
分布图(含 2256 个地面站)

从图4可见,地面常规观测和地面自动气象站监测网在陆地上站距为 $20 \sim 50$ km,具有很高的空间分布密度,其可以监测并提供小尺度天气系统的生消变化信息。

(2)观测资料对初值的调整

在获得了初猜场、观测资料(常规探空、地面常规观测和地面自动气象站)和背景误差协方差矩阵的情况下就可以通过 WRF-Var 对模式初值进行调整。

下面就 700 hPa 和 500 hPa 的温度场、高度场、风速同化分析增量(即同化结果减去原始分析之差)进行一些分析。

温度场增量分析:图5为 700 hPa(图5a)、500 hPa(图5b)温度场增量分布,可以看出在 700 hPa 上,对温度场的调整比较明显的是在模拟区域(图中方框所示)的西北和东南两个象限,在这两个象限的温度降低 0.3℃ 左右。在 500 hPa 上,在模拟区域的西部有分析增量中心出现,为 -0.9℃ 的降温中心。这表明,观测资料同化后初始场有较大的改变,

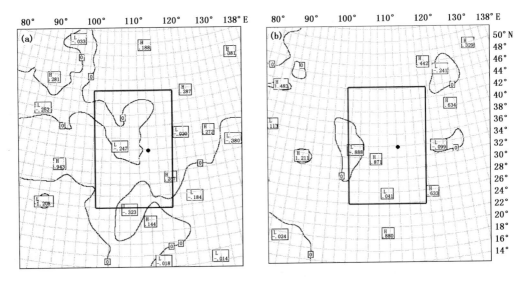

图 5　2006 年 6 月 25 日 14 时 700 hPa(a)、500 hPa(b)
温度场上的同化分析增量(等值线间隔为 1,单位℃,圆点为洛阳站)

观测资料对 500 hPa 的调整比对 700 hPa 的调整显著,即地面观测资料的同化对高空的温度有较为明显的调整。由图 5 可以发现,温度增量差别较大的地方正是模式地形与实际观测站地形差异较大的地方,当然地形差异大的地方其温度分析增量差异不一定就大,这主要是由于我们对地面温度场在同化过程中做了地形高度差异订正。通过地形差异订正后,700 hPa、500 hPa 温度增量都为负值,这说明同化地面观测资料后,700 hPa、500 hPa 冷空气加强,温度梯度加大,这更有利于强对流的发生。

　　高度场增量分析:图 6 为 700 hPa(图 6a)、500 hPa(图 6b)高度场增量分布,可以看出,对高度场调整比较显著的特征是在模拟区域的西北方为增量高值中心,达到 12.84

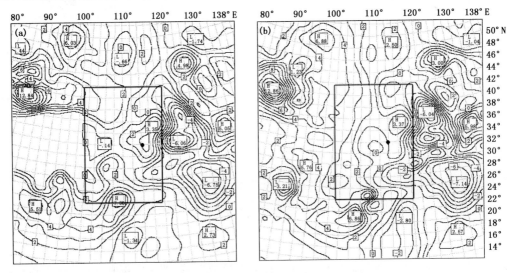

图 6　2006 年 6 月 25 日 14 时 700 hPa(a)、500 hPa(b)
高度场上的同化分析增量(等值线间隔为 1,单位 gpm,圆点为洛阳站)

gpm,在东南方为增量低值中心,为−6.75 gpm,位势高度梯度加大;同化对 500 hPa 高度场的调整和 700 hPa 类似,在模拟区域的西北方也为增量高值中心,最大为 12.86 gpm,在东南方为增量低值中心,为−7.14 gpm。可以看出地面观测资料同化对高层(500 hPa)和中层(700 hPa)高度场的调整差异不大,但相对来说对 700 hPa 的调整要比对 500 hPa 的调整显著。地面资料同化后加大了位势高度梯度,位势高度梯度的加大,更有利于对飑线模拟预报。

风速增量分析:图 7 为 700 hPa(图 7a)、500 hPa(图 7b)风速增量分布,可以看出,在两个高度层上,对风场的调整均不明显,增量都小于 0.5 m/s,但地面观测资料对 700 hPa 风场的调整比对 500 hPa 风场的调整要显著。这一结论也是合理的,因为地面观测资料对高空风场的影响从低到高是逐渐递减的。

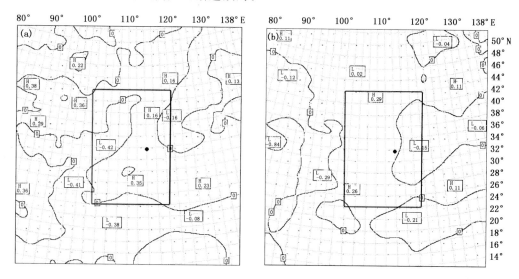

图 7   2006 年 6 月 25 日 14 时 700hPa(a)、500 hPa(b)二维速度场的同化分析增量
(等值线间隔为 1,单位 m/s,最大风速增量 0.5 m/s,圆点为洛阳站)

综合以上分析,地面观测资料对 700 hPa 和 500 hPa 温度场、高度场、风场同化分析增量(即同化结果减去原始分析之差)都有影响,地面观测资料同化后加大了温度场和高度场的梯度。但同化对各物理量场的影响不一样,影响最大的是温度场,其次为高度场。

(3)模拟预报结果分析

从未同化观测资料模拟结果(图 9)和实况(图 8)相比较可以看出:用 2006 年 6 月 25 日 08 时的 NCEP 资料,模拟 12 h 后的地面 10 m 高度风场、气压场和实况还是比较接近的。在实况图上河套以东的雷暴高压和地面大风,在 20 时的模拟图上也清晰可见,但模拟的雷暴高压和地面大风比实况位置偏北,风速略偏小。模拟的雷达回波图和实况基本相似,但范围比实况要小,带状分布不太明显,而实况飑线雷达回波的带状分布则非常明显。

从同化观测资料的模拟结果(图 10)和实况(图 8)相比较可以看出:用 2006 年 6 月 25 日 08 时的 NCEP 资料加地面观测同化资料,模拟 12 h 后的 10 m 高度风场、气压场和实况更加相似。在实况图上河套以东的雷暴高压和地面大风,在 20 时的模拟图上也清晰可

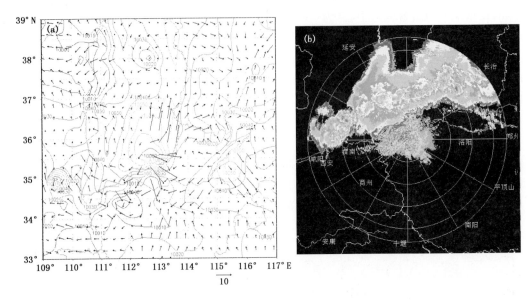

图 8 　2006 年 6 月 25 日 20 时实况图

(a)25 日 20 时 10 m 高度风场和气压场实况；(b)25 日 20 时雷达回波组合反射率实况

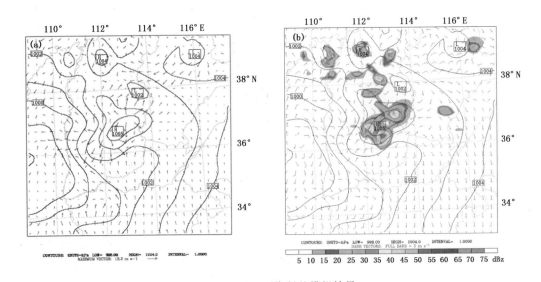

图 9 　未同化观测资料的模拟结果

(a) 25 日 20 时 10 m 高度风场和气压场模拟；(b) 25 日 20 时雷达回波组合反射率模拟

见,且模拟的雷暴高压和地面大风和实况位置基本一致,但风速略偏小。模拟的雷达回波图和实况基本相似,只是范围比实况要小、带状分布明显但略偏小,而主体位置和实况飑线雷达回波带状分布基本一致。

通过以上同化地面观测资料和未同化地面观测资料对雷达回波模拟预报的对比可以看出:同化地面观测资料对雷达回波的模拟从位置、强度和形状都比未同化地面观测资料模拟结果更接近实况。这主要是由于同化地面观测资料后,700 hPa 和 500 hPa 的温度

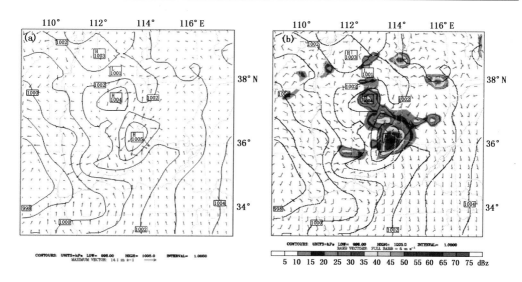

图 10　同化观测资料的模拟结果

(a)25 日 20 时 10 m 高度风场和气压场模拟；(b) 25 日 20 时雷达回波组合反射率模拟

场、高度场梯度都有明显加强，物理量场梯度的增大更有利于强对流天气的模拟预报。

五、讨论和结论

通过以上比较同化与未同化观测资料的结果可以看到，同化观测资料后，地面大风在风速和位置上都优于未同化的结果；雷达回波的位置和形状同样如此。这样的结果是可以理解的，这可以从同化地面观测资料对初始场的调整中找到答案。从观测资料对初始场调整的分析中，我们可以看到，加入地面观测资料后带来了更多的中小尺度信息，使得初始场有了明显改善，随着初始场的改善，模拟结果亦有明显的改进。说明 WRF-3DVar 对地面观测资料的同化，能改善强对流天气的模拟预报效果，这对揭示中尺度强对流天气的发生、发展机制有重要的意义，为灾害性天气的预报带来帮助。

参考文献

［1］章国材.美国 WRF 模式的进展和应用前景[J].气象,2004,**30**(12):27-31.

［2］Zhang D L and Fritcsh J M. A case study of the sensitivity numerical model simulation of mesoscale convective systems to varying initial condition[J]. *Mon. Wea. Rev.* , 1986,**114**:241-243.

［3］徐枝芳,龚建东,王建捷,等. 地面资料同化初步研究[A]. 奥运气象保障技术研究[M]. 北京:气象出版社,2004:43-52.

［4］姬鸿丽,陈红霞,张丽娟.一次飑线天气过程分析[C].中国气象学会 2006 年会论文集[M].北京:气象出版社,2006:205-210.

［5］Guo Y-R,Shin D H,Lee J H,*et al*. Application of the MM5 3DVAR system for a heavy rain case over the Korean Peninsula. Papers Presented at the Twelfth PSU/NCAR Mesoscale Model Users' Workshop NCAR,June 24-25,2002.

［6］徐枝芳,龚建东,王建捷,等. 复杂地形下地面观测资料同化 I. 模式地形与观测站地形高度差异对

地面资料同化的影响研究[J]. 大气科学,2007,**31**(3):222-232.

[7]　徐枝芳,龚建东,王建捷,等. 复杂地形下地面观测资料同化 II. 模式地形与观测站地形高度差异代表性误差[J]. 大气科学,2007,**31**(3):449-458.

[8]　Ruggiero F H, Sashegyi K D, Madala R V, *et al*. The use of surface observations in four-dimensional data assimilation using a mesoscale model[J]. *Mon. Wea. Rev.*, 1996,**124**(5): 1018-1033.

[9]　Barker D M, Huang W, Guo Y-R, *et al*. A three dimensional variational (3D-VAR) data assimilation system for use with MM5. NCAR Tech Note,NCAR/TN 453+STR,2003,68.

Numerical Simulation and Test of the Squall Line Process Based on the Ground Observation Data Assimilation

YU Fei[1]　　　*FU Weiji*[2]　　*J I Hongli*[3]

(1 *Civil Aviation Flight Institute of China Luoyang College*, Luoyang　471001;

2 96251 *forces Meteorological Office*, Luoyang　471000;

3 *Luoyang Meteorological Office of Henan Province*, Luoyang　471000)

Abstract

Relative to the other conventional and unconventional data, the measured values of the automatic weather station are model variables, with high spatial and temporal resolutions. The unconventional data assimilation into the numerical prediction models in the strong convection weather, is less in relation to the assimilation of radar, satellite and other unconventional data simulation. In this paper, the surface observation data assimilation with the application of WRF (V2. 2) -Var module, forms the WRF model initial field, and a strong squall line weather process occurring in the Hetao area during 13:00BT—21: BT 25 June 2006 is simulated, and the results show that, the initial numerical model field formed by the surface observation data assimilation in terms of similarity theory can play a certain role, the surface observation data affect 700hPa and 500hPa height fields, temperature fields, and the assimilation increment of wind field. Concretely, surface data assimilation increases gradients of temperature and height fields, but the influences on the physical quantity fields are not the same, in which the largest effect is the data of temperature, followed by the height field. Comparison and analysis of the impacts of surface observational data assimilation on the model initial field and the forecast results indicate that model initial field with surface observational data assimilation contains more mesoscale information, improve the initial values of the model, and improve the simulation effect of squall line.

台风"圆规"、"米雷"对上海风雨影响差异及成因对比分析

傅　洁　范富强

（上海中心气象台　上海　200030）

提　要

用常规观测资料、上海地区的自动观测站资料及 GPS 探测的可降水水汽资料 PWV，对近海北上的 1007 号热带气旋"圆规"和 1105 号热带气旋"米雷"对上海的风雨影响差异及成因进行诊断分析。结果表明，"圆规"和"米雷"的强度及结构受环流背景、水汽输送、辐合抬升条件的影响，给上海地区带来了不同的风雨影响。"圆规"在多台风的环流场中螺旋云带的发展被削弱，其"小而强"的特征对上海未产生风力影响，但有利于引导北方弱冷空气侵入华东沿海的台风倒槽，触发上海本地不稳定能量释放；而"米雷"为单一热带气旋，螺旋云带的直径较"圆规"大，最大风速较"圆规"小，给上海地区带来 7 级风力影响，但其因台风倒槽位偏西，本地水汽条件不足，不利于强降水的发生。

关键词　近海北上　多台风　台风结构　风雨影响

一、引　言

北上的热带气旋（下称 TC）与西风槽、西太平洋副高等天气系统相互作用[1~3]，常常会给华东沿海地区带来明显的大风、暴雨和风暴潮等灾害。王秀萍等研究近 52 年北上 TC 的若干气候特征[4]表明：7—9 月是北上 TC 发生的关键月份，且其年际变化略有增加趋势，并以每年 3% 的增长率变化。作者对 2000 年以来近海北上的 TC 进行了统计，2000—2009 年在 126°E 以西近海北上的 TC 共有 5 个，而 2010—2012 年增加至 6 个。该统计表明近年来近海北上的 TC 有明显增多趋势，不同的 TC 路径对华东沿海地区的风雨影响有较大的差别。分析 TC 北上路径、强度、结构及风雨影响已经有很多研究[5~9]，但对近海北上 TC 的路径、强度、结构及风雨影响的研究还较少。近年来，强台风、超强台风、多台风出现频率的增加进一步加大了此类台风影响预报的难度。本文选取了给上海带来不同风雨影响的两个近海北上 TC"圆规"与"米雷"，通过对比分析环流背景、台风结构及红外云图特征，探究二者对上海产生不同风雨影响的原因，这将有助于加深对我国近海北上 TC 活动规律的认识，并为台风风雨预报提供参考。

二、两个热带气旋的异同点及对上海的风雨影响分析

这两个热带气旋的相似点是：经上海东部 125°E 附近近海北上；进入黄海南部后强度

开始减弱;生命史为4~5天。这两个TC的区别在于:其一,生成的时间和地点不同(图1),"圆规"生成于夏末的8月底,"米雷"生成于夏初的6月下旬;前者生成于22°N的琉球海域,后者生成于13°N菲律宾以东的洋面;其二,强度不同(图2,图3),当进入东海北部海域后,"圆规"达强台风级别,中心最低气压为950 hPa,最大风速达45 m/s;"米雷"为强热带风暴,近中心最低气压为970 hPa,最大风速为30 m/s;其三,北上路径的差异,"圆规"进入东海北部后以30 km/h的速度向北偏东方向移动,"米雷"则在黄海南部以35 km/h的速度向北偏西方向移动;其四,结构的差异,"圆规"进入东海后,本体结构对称、云体密实,与热带云系脱离,螺旋云带直径约为500 km;"米雷"进入东海后,结构呈明显的非对称,位于南海和西太平洋的两支水汽输送带把热带辐合带内的水汽和能量不断向北输送,使其右侧的螺旋云带发展旺盛。

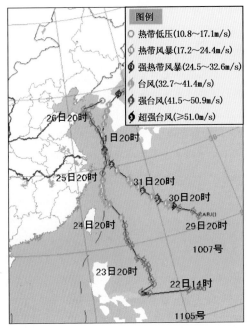

图1　"圆规"、"米雷"历史路径及强度变化

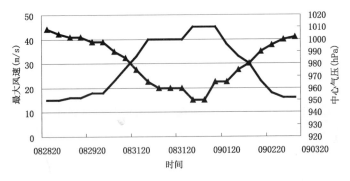

图2　2010年8月28日20时—9月3日20时"圆规"的近中心最大风速
和中心气压时序图(实线表示最大风速,三角形连线表示中心气压)

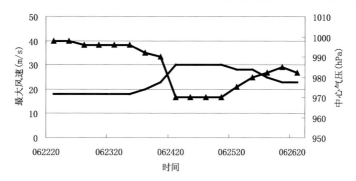

图 3 2011 年 6 月 22 日 20 时—26 日 20 时"米雷"的近中心最大风速和中心气压时序图
（实线表示最大风速，三角形连线表示中心气压）

2010 年 9 月初我国东南沿海有 3 个 TC 活动，从表 1 可见，9 月 1 日受"圆规"影响，上海遭受了局地大暴雨的袭击，强降水集中在 9 月 1 日 13—15 时（北京时，下同）和 18—21 时，上海市所辖 11 个观测站中有 6 个观测站/次的 1 h 雨量超过 30 mm，4 个观测站 24 h 雨量达暴雨以上量级，其中徐家汇单站 24 h 雨量达 139.5 mm，过程风力以 4～5 级的偏东风为主。

分析表 2 可见，受强热带风暴"米雷"影响，6 月 25 日 08 时—26 日 08 时上海市所辖 11 个观测站中有 7 个观测站出现了 7 级以上的大风，另外，沿海的滴水湖、横沙岛、小洋山等极大风速达 8～10 级。影响时段也较长，南汇区的 6 级以上阵风从 25 日傍晚一直持续到 26 日傍晚。24 h 雨量以小雨为主，局部中雨。

两个 TC 虽同为近海北上，但前者对上海造成影响以强降水为主，后者则给上海及华东沿岸带来 7～9 级的持续大风。下面从分析环流形势入手，探讨造成风雨影响差异的原因。

表 1 2010 年 9 月 1 日 08 时—2 日 08 时"圆规"影响期间的 24 h 累计雨量、极大风速、风向

测站名称	24 h 雨量(mm)	极大风速(m/s)	风向(°)
徐家汇	139.5	6.8	197
闵 行	90.3	9.8	32
嘉 定	12.2	8.8	79
浦 东	84.3	8.4	107
南 汇	5.1	8.6	46
奉 贤	78.7	11.4	285
松 江	3.8	6.2	15
金 山	46.1	7.7	65
青 浦	19.5	10.0	56
崇 明	4.6	8.6	308
宝 山	7.6	8.3	91

表 2　2011 年 6 月 25 日 08 时—26 日 08 时"米雷"影响期间的 24 h 累计雨量、极大风速、风向

测站名称	24 h 雨量(mm)	极大风速(m/s)	风向(°)
徐家汇	1.9	10.6	158
闵　行	0.5	14.3	286
嘉　定	0.0	14.1	62
浦　东	2.7	13.2	300
南　汇	7.6	13.7	323
奉　贤	1.8	15.6	283
松　江	1.8	15.1	324
金　山	0.1	15.1	283
青　浦	0	15.2	45
崇　明	18.4	16.6	305
宝　山	2.0	12.9	282

三、环流背景对比

1. 副热带高压带的位置与强度

在 2010 年 8 月 30 日 20 时至 9 月 1 日 20 时 500 hPa 的 3 天平均高度场(图 4a)上，副热带高压(以下简称副高)中心强度 592 dagpm，位于日本本州岛附近(34°N,139°E)，而 2011 年 6 月 24 日 20 时至 26 日 20 时 500 hPa 的 3 天平均高度场(图 4b)上，副高 592 dagpm 中心位于本州岛东南部海面(29°N,142°E)；从 592 dagpm 线所围面积来看，图 4a 中的面积约为图 4b 的两倍；从脊线位置来看，图 4a 的 120°E 脊线位于 31°N，图 4b 中的副高脊线位于 40°N 附近。综合以上三点来看，图 4a 中"圆规"所处环境场中的副高位置偏北偏西、脊线位置偏南，比图 4b 中的副高强而稳定，"圆规"影响前的路径呈抛物线型，与 588 dagpm 线较为吻合，表明副高外围气流对"圆规"的引导作用显著。而图 4b 中副高西侧的引导气流为偏南气流，有利于"米雷"继续向偏北方向移动。

2. 冷涡及西风槽的位置及移动

分析冷涡的位置可见，图 4a 中的东北冷涡稳定在(52°N,128°E)，其横槽南摆有利于引导北方弱冷空气南下，为华东沿海不稳定能量的释放提供触发机制。相反，图 4b 中的东北地区为高压脊控制，一方面对贝湖以西的冷空气有阻挡作用，另一方面使华北东部为下沉干区，在"米雷"左侧偏北气流的作用下，干空气被卷入南下，降低了上海至华东南部沿海的水汽含量。分析西风槽的位置可见，在图 4a 中，中纬度西风槽位于河套地区的 110°E 附近，河套以东至日本海为广阔的西南风，一方面对"圆规"后期转向东北有引导作用，另一方面槽前的正涡度平流有利于对流发展。而图 4b 中的西风槽位于贝加尔湖位置以西至蒙古中部，位置偏北，东北 125°E 为一高压脊，既阻碍槽后冷空气南下，又是下沉辐散区，起抑制对流发展的作用。另外，"米雷"进入沿海低槽区后引导流较弱，不利于其转向，后期路径仍以偏北为主。从以上分析可知，分析冷涡、西风槽及副高的位置和强度，对"圆规"、"米雷"进入东海北部后的路径及降水预报有一定的指示作用。

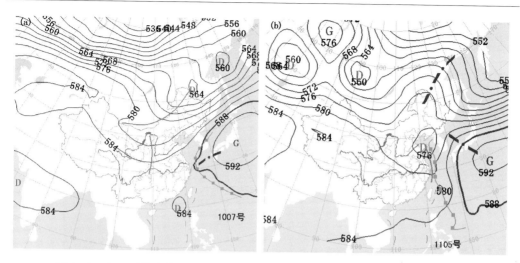

图 4　500 hPa 平均高度场(细实线为槽线,点划线为脊线,正方形连线为 TC 路径)
(a)2010 年 8 月 30 日 20 时—9 月 1 日 20 时;(b)2011 年 6 月 24 日 20 时—26 日 20 时

四、降水差异的成因分析

1. 红外云图特征分析

从 9 月 1 日 4 个时次的红外云图(图 5)特征来看,08 时(图 5a)我国沿海有 3 个 TC 活动,"圆规"本体对应的云团 A 位于东海北部,台风云系密实,形状规整,可见台风眼;云系 B 位于华南东部沿海,是 1006 号强热带风暴"狮子山"和 1008 号热带风暴"南川"的云系,其云系密实,云顶白亮,云体形状不规则;其东侧的对流云团云顶白亮、发展旺盛;另有一带状云系 D 从朝鲜半岛向山东半岛发展。11 时,"圆规"的台风眼圆整而清晰(图 5b),其北侧云系有对流云系发展,同时,云带 D 也沿着江苏东部继续向南发展,上海上空也有淡的云线可见,云系 B 在向北的移动过程中已经发展成一个云顶白亮而圆整的台风云系,而其东侧的对流云 C 处于衰减阶段。14 时(图 5c),云系 A 的台风眼依旧清晰,大小维持,其北侧的螺旋云带发展旺盛,且与云带 D 合并,从山东半岛经江苏东部到上海有一串对流云团生成,给上海带来了一次南北带状分布的午后强降水过程。17 时,"圆规"转向东北后,其本体云系 A 的结构逐渐松散,其西侧的对流云系 D 也减弱北缩(图 5d)。而台湾西南侧的对流云团 B 在缓慢北上的过程中仍处于发展旺盛阶段,其云顶白亮而规整,亮温达−143℃。其东北侧有分散对流云团生成,并向北偏西方向发展。此时的长江口有对流云团开始发展,夜间(图略)市区亦有中尺度对流云团生成,导致第二次强降水。

从 6 月 25 日(图 6)4 个时次的云图演变来看,10°～20°N 的热带辐合带中,有强对流云团 B 在南海至巴士海域稳定持续发展。08 时,强热带风暴"米雷"本体云系 A 位于台湾北部,云顶白亮,云型呈椭圆形,其东侧为庞大的螺旋云带 C,从琉球海域流向东海北部(图 6a)。11 时,云系 A 的云顶温度有所升高,云型拉长,其北侧的螺旋云带 D 发展旺盛,从黄海流向东海沿岸,上海位于强雨带的西侧(图 6b)。14 时,云系 A 在北上的过程中,西侧云系明显减弱,结构呈不对称,其北部螺旋雨带在西进中强度也略有减弱,上海位于

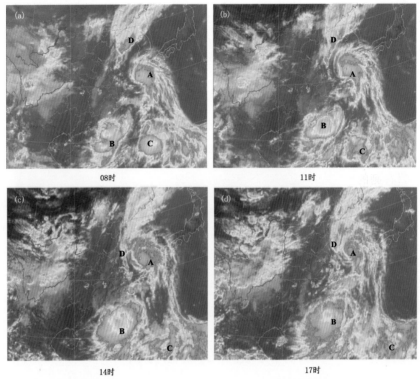

图5 2010年9月1日08时—17时 FY—2C 红外云图

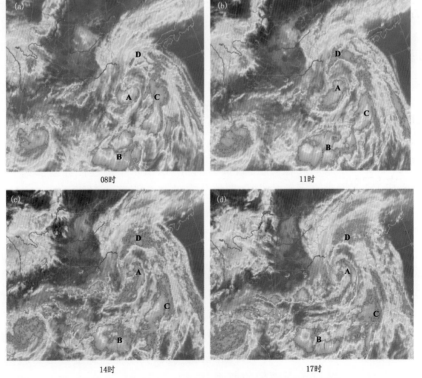

图6 2011年6月25日08时—17时(d)FY—2C 红外云图

台风本体云系 A 与螺旋云带 D 之间的空档中,实况天气为局部阵雨,雨量小到中等(图 6c)。17 时,云系 A 的结构进一步松散,螺旋云带 D 也显著减弱(图 6d)。

对比两次过程云图的特征发现,多台风形势下产生强降水的机制复杂而多变,既有螺旋云带与西风槽结合产生的降水,又有受倒槽影响局地生成的中尺度对流降水。"米雷"所在的流场中仅有一个热带系统,降水性质比较单一,给华东带来的降水以外围螺旋云带降水为主。下面一节,将从水汽条件、动力条件两个方面进一步分析降水差异的原因。

2. 水汽条件

在 2010 年 9 月 1 日 08 时(图 7a)的 FY—2E 水汽云图上叠加 850 hPa 风场客观分析资料,"圆规"右侧的暗色干区是副高所在,副高的边界清晰,说明副高的强度很强。在副高西南侧,有一条狭长白亮的水汽带从低纬度地区沿着副高边缘的东南气流流向"圆规",对台风强度维持有利。图中大的箭头标识的偏南低空急流位于"狮子山"和"南川"所在台风倒槽的右侧,来自南海北部的丰富水汽流向浙江沿海海面。2010 年 9 月 1 日 20 时(图 7b),随着"圆规"转向东北,其环流与南部倒槽分离,"圆规"西侧的西北气流与倒槽右侧的偏南气流形成风向的切变,有利于水汽的辐合抬升,是上海局地强降水产生的重要条件。

相比之下,2011 年 6 月 26 日 08 时(图 7c)中副高所在位置的暗区边缘模糊,说明副高强度较弱。"米雷"为当日唯一的 TC,位于其倒槽右侧与副高左侧的宽阔白亮的水汽带在 125°～130°E 间一直流向"米雷",有利于其螺旋云带的维持与发展。所不同的是,"米雷"所在的台风倒槽位置偏东,其右侧的西南低空急流经日本南部洋面直接流向渤海湾,且在"米雷"北上过程中,其左侧的偏北气流携带北方的干空气南下至上海和华东南部地区,图 7d 中西北风对应的暗色干区尤为明显,不利的水汽条件阻碍了上海地区强降水的产生。

GPS 探测的可降水水汽资料 PWV(图 8)也可以证实以上结论。2010 年 9 月 1 日 13 时 30 分(图 8a),上海及江苏的整层大气可降水量大于 60 mm,浙北、安徽大部也在 50～60 mm,水汽非常充沛,有利于强降水的发生。而 2011 年 6 月 26 日 05 时(图 8b)中,大于 50 mm 的区域偏北,主要位于江苏、山东及黄海大部。浙北、上海、安徽的整层大气可降水量小于等于 40 mm,不利于强降水的发生。

3. 动力条件

从图 9a 中 850 hPa 的涡度场来看,20×10^{-5}/s 的正涡度大值区分别位于东海以东及台湾南侧,分别对应着"圆规"、"狮子山"和"南川"的台风本体云系。而图 9b 中 40×10^{-5}/s 的正涡度大值区位于黄海中部,与"米雷"北部发展旺盛的外围螺旋云系对应,上海及浙北为 -5×10^{-5}/s 的下沉区,不利于水汽的辐合上升,对降水不利。

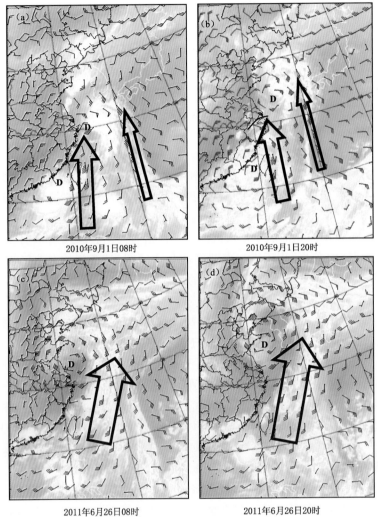

图 7　FY－2E 水汽图像叠加 850 hPa 风场客观分析

（箭头表示低空急流流轴,黑色实线表示风向的切变）

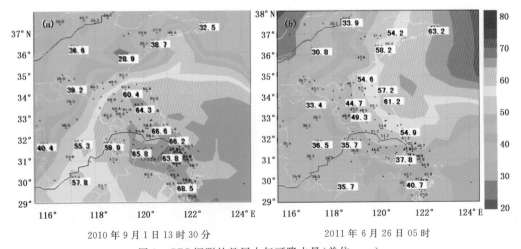

图 8　GPS 探测的整层大气可降水量(单位:mm)

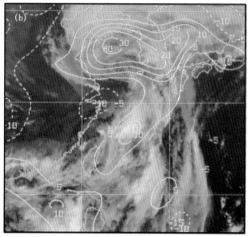

2010年9月1日14时　　　　　　　2011年6月26日05时

图9　MTSAT 水汽云图叠加 850 hPa 涡度场(单位：10^{-5}/s)

五、结　论

（1）"圆规"所处环境场中的东北冷涡和河套西风槽稳定少动、副高强大，西伸的高压脊有利于其在近海北上后转向东北；槽前正涡度平流有利于华东沿海对流的发展。"米雷"所处环境场中的副高相对较弱，副高的脊线呈西北—东南向，"方头副高"有利于其进入黄海后继续近海北上；位于我国东北的高压脊阻止贝湖西风槽东移的同时，其控制下的下沉干区对华东沿海对流的发展起抑制作用。

（2）在多台风的环流形势下，我国东部沿海的"狮子山"、"南川"一方面削弱了低纬水汽向"圆规"本体的输送，不利于后者螺旋云带的发展；另一方面，"狮子山"、"南川"倒槽右侧的东南气流引导低纬水汽向上海内陆输送，整层大气可降水量得到增强，给上海暴雨的发生提供了丰富的水汽条件。"圆规"在近海北上的过程中，对北方弱冷空气侵入台风倒槽亦有引导作用，为上海本地不稳定能量的释放提供触发机制。"米雷"为单一台风，倒槽偏东，水汽输送偏东、偏北，低层辐合中心也偏东、偏北，不利于引发上海地区暴雨。

（3）"狮子山"与"南川"倒槽右侧的偏南风对"圆规"左侧的西北风有削弱作用，且"圆规"的7级风圈半径又小，因此对陆地的风力影响小；而"米雷"的7级风圈半径大，螺旋云带范围广，在低压倒槽左侧有西北气流，对陆地出现大范围的西北向大风有强迫作用。

（4）在近海北上台风风雨影响预报中，仅考虑台风强度及路径是不够的，还需要具体分析台风环流背景，考虑其外围螺旋云带的发展趋势，这对东部沿岸的风雨影响预报有积极意义。

参考文献

[1]　程正泉,陈联寿,徐祥德,等.近10年中国台风暴雨研究进展[J].气象,2005,**31**(12):3-9.

[2]　刘晓波,邹兰军,夏立.台风罗莎引发上海暴雨大风的特点及成因[J].气象,2008,**34**(12):72-78.

[3]　孟智勇,徐祥德,陈联寿.9406号台风与中纬度系统相互作用的中尺度特征[J].气象学报,2002,**60**

　　　　　(1):31-38.
[4]　王秀萍,梁军.近52年北上热带气旋的若干气候特征[J].气象,2006,**32**(10):76-80.
[5]　许映龙,韩桂荣,麻素红,等:1109号超强台风"梅花"预报误差分析及思考[J].气象,2011,**37**(10):
　　　　　1196-1205.
[6]　邵春海.东海北上台风加强研究[J].浙江气象,2005,**26**(3): 10-15.
[7]　徐燕峰,叶君武,林伟.0205号台风"威马逊"北上过程中强度减弱缓慢的原因分析[J].海洋预报,
　　　　　2003,**20**(3):1-6.
[8]　程相坤,路西曼.登陆北上与近海北上台风的对比分析[J].海岸工程,1997,**16**(2):36-40.
[9]　金荣花,高拴柱,顾华,等.近31年登陆北上台风特征及其成因分析[J].气象,2006,**32**(7):33-39.

Comparison and Analysis of the Different Effect and Cause of Typhoon Kompasu and Meari in Shanghai

FU Jie　　FAN Fuqiang

(*Shanghai Central Meteorological Observatory，Shanghai　　200030*)

Abstract

　　Using the routine observation data, the Shanghai area automatic weather station data and GPS detecting precipitable water vapor(PWV) data, the influence differences on Shanghai and causes for offshore north tropical cyclone Kompasu and tropical cyclone Meari are analyzed. The results show that different strength and structure of Kompasu and Meari influenced by the circulation background, water vapor transmission, and convergence condition, lead to different influence in Shanghai area. The small and strong characteristics of Kompasu produced little windage in Shanghai. Moreover it is helpful to guide the north weak cold air intrusion into the typhoon trough to coastal areas of East China, and then the local instable energy in Shanghai area is released. Meari being a single tropical cyclone, whose spiral cloud band is bigger than Kompasu, brings to Shanghai a 7-scale wind force influence. Because of the western location of typhoon trough, the insufficient local water vapor condition goes against the occurrence of strong precipitation.

"120810"江苏特大暴雨成因探讨

李建国　周　勍　孔启亮

（镇江市气象台　镇江　212003）

提　要

1211 号强台风"海葵"登陆 50 h 后，一天内先后在江苏南、北产生以持续强对流降水组成的特大暴雨过程。本文运用实况观测数据、美国国家环境预测中心和国家大气研究中心（NCEP/NCAR）逐 6 h 再分析资料、我国 FY－2E 气象卫星云图和多家多普勒天气雷达产品诊断分析，结果发现：(1)鞍型场的环流背景造成"海葵"登陆后长时间在原地回旋少动，大陆高压和西太平洋副热带高压分别在其西北侧和东南侧，同时东北切断低压和"海葵"的旋转加剧了西风槽后冷空气持续扩散南下以及暖湿气流源源不断的北上，为两次特大暴雨提供了充分的水汽和动力条件；(2)冷暖空气相遇后的叠加作用及西风槽先前倾后与"海葵"倒槽重合的不稳定层结触发强对流降水持续发生发展；(3)特大暴雨区上午在 500 hPa 温度梯度最大的冷狭窄区一侧，下午在 500 hPa 温度梯度最大的暖狭窄区一侧是这两次特大暴雨过程的重要特征；(4)多普勒雷达数据对这两次特大暴雨短时预报有重要的参考作用。

关键词　特大暴雨　成因　探讨

一、引　言

我国是世界上台风登陆最多、灾害最重的国家之一，平均每年登陆我国的台风约有 7～8 个[1]。台风登陆造成的灾害往往是台风引发的暴雨造成的，暴雨继而会引起山洪爆发或大型水库崩塌等而造成洪水泛滥，带来巨大的损失。因此多年来登陆台风所带来的暴雨一直备受关注[2~5]。众多各地气象学者的研究表明，登陆台风暴雨往往与中纬度西风带天气系统的影响有关[6]，特别是西风槽波动、低空急流及副热带高压之间的特定配置和相互作用可使台风降水显著增大，环境大气动能和位能的输入可能是台风暖性低压长久不消的重要原因[7]；弱冷空气的侵入有利于台风发展，而强冷空气则使其减弱，冷空气活动与台风降水增幅、有效位能的变化有密切联系[8,9]；与中纬度槽相互结合的台风暴雨多出现在台风中心北方，距其中心较远，且暴雨雨带具有一定的中尺度特征[10]等，这些研究加深了我们对台风暴雨形成机制的认识。同时，钱维宏等研究表明江苏区域性特大暴雨的发生大多与台风有关[11]，因此对台风暴雨形成机制的分析显得尤为重要。1211号强台风"海葵"登陆 50 h 后，其倒槽与西风槽相遇，造成一天之内先后在江苏南、北两个区域产生 2 次以持续强对流降水组成的特大暴雨过程。本文运用实况观测数据、NCEP/NCAR 逐 6 h 再分析资料、FY－2E 卫星云图和多家多普勒雷达产品对此次少见的特大暴雨过程进行诊断分析和探讨，试图对这类台风倒槽与西风槽相遇的特大暴雨形成条件和机制进行再认识，为今后预报此类灾害性天气过程提供帮助。

二、特大暴雨的成因诊断

1. 特大暴雨概况

受强台风"海葵"影响,2012 年 8 月 10 日 05—20 时,江苏 6 个地级市部分市县出现强对流降水组成的特大暴雨和 9～10 级大风。特大暴雨过程的第一阶段:影响江苏东北部地区,影响时间为 05—15 时;第二阶段:影响江苏中部沿江地区,影响时间 14—20 时。在南北长 310 km、东西宽不足 100 km 内出现特大暴雨,有 82 个自动气象站出现大于 50 mm/h 的强对流降水,其中 30 个站强降水＞80 mm/h、8 个站 9 个时次强降水＞100 mm/h,连续强对流降水(＞20 mm/h)最长的有 7 h(响水县,7 h 降水 482.2 mm),连续 6 h 的有 2 个站(响水县小尖水务站最大,6 h 降水 431.1 mm)、连续 5 h 的有 4 个站(灌南县百绿站最大,5 h 降水 283.4 mm)、连续 4 h 的有 9 个站(扬中市东新港最大,4 h 降水 253.1 mm)、连续 3 h 的有 20 个站(滨海县樊乡镇最大,3 h 降水 289.9 mm)、连续 2 h 的 24 个站(灌云县最大,2 h 降水 178.1 mm)。1 h 最大的降水出现在涟水县南集镇,为 125.7 mm。强对流降水强度之大、范围之广、持续之长均创江苏省有自动气象站记录以来之最。

2. 环流背景

强台风"海葵"于 8 月 8 日凌晨 03 时 20 分在浙江省象山县鹤浦镇沿海登陆,登陆时中心附近最大风力有 14 级(风速 42 m/s),登陆后强度逐渐减弱,稳定地朝偏西方向缓慢移动,9 日 12 时减弱为热带低压后在安徽省与江西省交界地区回旋少动,至 23 时,中央气象台停止对其编报。但是,在 9 日 23 时的卫星云图上"海葵"的气旋性环流依然存在(图略),动画显示其完整的旋转并没有停止,"海葵"倒槽与在山东的西风槽槽底相距不足 2 个纬距。"海葵"的旋转环流是个深厚的系统,与其他停止编报的热带低压明显不同,在特大暴雨发生的时段内,从地面直到 250 hPa 都有非常明显的闭合中心和倒槽。

9 日 20 时,500 hPa 大陆高压中心位于河套,切断低压延伸的高空槽收缩,其槽底在山东半岛;"海葵"低压环流的存在和西太平洋副热带高压共同组成了鞍型场的大气环流背景,200 hPa 为强的西风带辐散场(图 3b)。到 10 日 08 时(图 1),大陆高压中心东移 6 个经度,其东部环流与高空槽后偏北气流叠加形成前倾槽,与"海葵"倒槽东部沿海的外围螺旋云带(图略)在江苏(35°N,120°E)附近相遇,造成势均力敌的态势(10 日 08 时 500 hPa 流线,图略),200 hPa 仍然为强烈的辐散场,其抽吸作用导致对流层大气整层辐合上升,在这一带海陆交界地区强烈发展,出现最长持续 7 h 的大于 20 mm/h 的强对流降水和 8～10 级的偏北和偏东大风。

10 日 15 时,"海葵"的中心的结构依然保持回旋滞留(图略),大陆高压中心朝西南偏南南移,冷空气随之扩散南下,西风槽与"海葵"倒槽相遇重合后强烈发展,造成了镇江扬中东新港和西来桥连续 4 h 强降水(分别达 253.1 mm 和 195.6 mm),扬中东新港最大 1 h 降水量为 106.1 mm(17 时)、扬中西来桥为 84.8 mm(18 时)、常州市为 83.3 mm(19 时)的特大暴雨,并伴有 6～7 级大风。

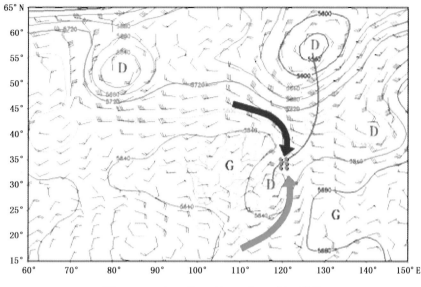

图1 2012年8月10日08时500 hPa形势

3. 水汽条件和层结不稳定

由850 hPa水汽输送(图略)可以清楚地看到与"海葵"倒槽相伴出现的强偏南低空急流从南海沿东海海岸北上,成为这次大暴雨过程中最重要的大尺度暖湿气流输送带,为特大暴雨区提供了充沛水汽。良好的湿度条件对暴雨的产生十分重要[12,13],10日两次特大暴雨的水汽非常丰沛、湿层深厚,暴雨都出现在400 hPa的温度露点差≤4℃的锋区内(图略)。对比分析10日08时响水与10日14时扬中上空的比湿垂直剖面(图2a)可以发现,两地低层1000~850 hPa附近的湿度条件都很好,850 hPa层次比湿均可达14 g/kg,而从800 hPa以上响水的湿度条件要更加优于扬中,说明中高层的湿度条件对当地雨强有一定贡献。

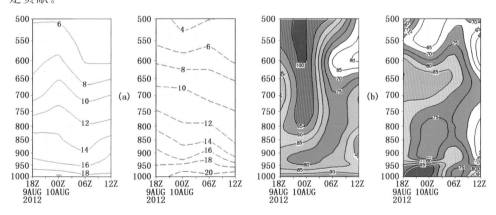

图2 (a)、(b)分别为1000~500 hPa响水(34.2°N,119.5°E)和扬中(32.2°N,119.8°E)
比湿垂直剖面(单位:g/kg)和相对湿度垂直剖面

分析图2b,上午响水特大暴雨期间1000~500 hPa整层的相对湿度比下午扬中特大暴雨期间要好:前者在边界层1000 hPa附近其相对湿度高达90%,低层950~850 hPa附近相对湿度在 80％左右,850 hPa 以上其相对湿度又在 90％以上,在低空存在上干下湿的不稳定层结;下午冷空气势力较前者更强一些,整层的相对湿度明显不如上午,在边界层 1000~950 hPa 的相对湿度不足 75％,这说明干冷空气楔入的层次更低,而在 950 hPa 附近存在一个湿舌,其相对湿度大于 90％,其上的 850~700 hPa 附近相对湿度不足 75％,特大暴雨实况分析说明了上午低层、特别是边界层的不稳定层结对雨强的贡献更加明显。

4. 上升运动和温度平流

图 3 给出了 10 日上午和下午发生特大暴雨时的垂直速度场和散度场分布,可以非常清晰地看出高层辐散、低层辐合非常显著,不同点是上午高层辐散值大于低层辐合值,下午则相反。上升速度值相同,但是上午中心出现在 500~300 hPa 附近,下午出现 2 个中心分别在 400~200 hPa 和 800~700 hPa 之间,从实况分析两次特大暴雨前者的散度和上升速度的分布要比后者的贡献大,它们的共同点是特大暴雨出现在距离上升气流中心左侧 2 个纬距靠下沉气流一侧。

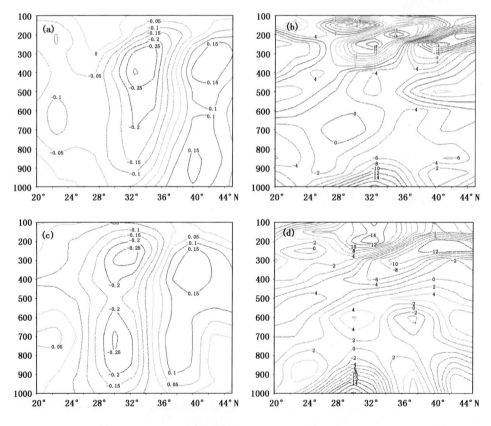

图 3　2012 年 8 月 10 日垂直速度和散度分布(单位:10^{-3} hPa・s^{-1};10^{-5} s^{-1})
(a)08 时垂直速度;(b)08 时散度;(c)14 时垂直速度;(d)14 时散度

温度平流是上升运动的重要强迫因子[14],“海葵”倒槽顶端的东南气流与大陆高压东进和西风槽底后的偏北气流构成强烈辐合,由图 4 可见两次特大暴雨区发生时上空为冷平流,低层为暖平流,特大暴雨就发生在 500hPa 冷暖平流梯度最大的狭窄区域中(图 4b、 c),上午的特大暴雨区在冷平流梯度最大一侧,下午的特大暴雨区在暖平流梯度最大一侧,与实况的冷空气强度一致,也是下午的特大暴雨强度小于上午的原因之一。

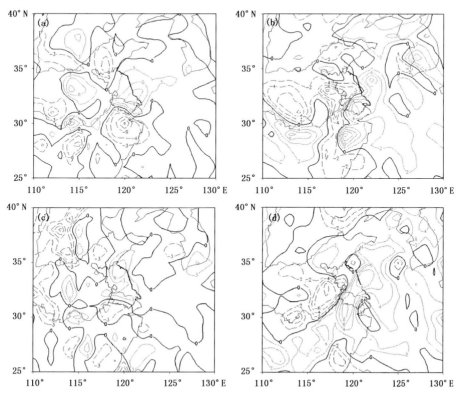

图4   2012年8月10日温度平流分布(单位:℃)

(a)08时850 hPa;(b)08时500 hPa;(c)14时850 hPa;(d)14时500 hPa

三、特大暴雨的多普勒雷达探测特征

1. 基本反射率特征

用连云港和合肥、南京、常州的多普勒雷达(基本反射率1.5°仰角)资料来分析南、北两次特大暴雨的特征。

(1) 10日上午的特大暴雨在卫星云图动态上可以非常清楚地看到"海葵"倒槽云系与西风槽云系发生发展的过程。连云港多普勒雷达表明,10日04时起至15时强降水回波在沿海海面发展并缓慢向陆地西南方向扩展,持续影响江苏连云港南部和盐城北部与淮安交界的地区,降水回波呈片絮状分布,强度基本都在30 dBz左右;其最强回波中心的强度维持在55 dBz以上,呈窄带状分布于整片回波前沿,并缓慢南移,到14时,强回波基本消散。

(2) 10日下午的特大暴雨主要是对流性降水回波与不断扩散南下的冷空气相遇持续滞留的产物。分析常州多普勒雷达回波,10日13时起,在"海葵"倒槽的东侧,泰州南部、扬州、镇江、常州直至浙江湖州等地区不断有块状回波单体生成,最大强度达到

62 dBz,单体呈纵向离散排列,期间发展弥合,形成贯穿泰州至湖州的南北向狭长强回波带(卫星云图为"海葵"螺旋云带,与前面分析的温度梯度密集区吻合),并向北缓慢移动,与扩散南下的冷空气相遇,产生强对流,随着冷空气的扩散,先后给泰州、扬州、镇江的部分地区和常州等地带来了由 1~4 h 连续强对流降水组成的大暴雨到特大暴雨。这条南北向狭长强回波带产生了类似于"飑线"的强对流天气(图5)。

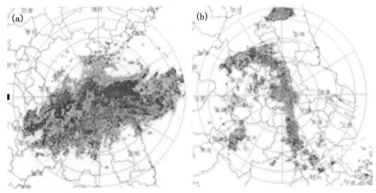

图 5　(a)连云港 08 时 32 分雷达回波图;(b)常州 16 时 48 分雷达回波图

2. 平均径向速度

(1) 10 日上午冷平流和中尺度辐合的特征:从连云港多普勒雷达速度图分析(图略),10 日 05—06 时负速度区面积明显大于正速度区,且零速度线呈"S"形弯曲,表征该地区存在中尺度辐合和暖平流,即处于"海葵"倒槽的辐合带中;06 时后,零速度线转为反"S"形,即风向随高度逆转,表明西风槽底冷空气灌入"海葵"倒槽。冷平流侵入激发抬升运动,使得低空急流输送的水汽不断抬升凝结,造成持续强降水。同时在灌云、响水一带"逆风区"的出现正好对应了强降水的区域[15]。

(2) 10 日下午暖平流和逆风区:从常州多普勒雷达速度图分析(图略),零速度线呈"S"形,有暖平流,2 个"逆风区"的出现均能与强降水区有很好的对应。但是很明显不如上午的强度。

3. 风廓线时空分布

(1) 10 日上午连云港多普勒雷达风廓线时空分布是:风向随时间逆转,风速随时间增大;在 5 km 以下东北风向下层顺转,风速随高度下降而减小,对流层中层风向垂直切变和风速垂直切变共存。最强降水出现在 3.4~3.7 km 处的急流核(水平风速>20 m/s)下方。5.5~10.7 km 处为东南到偏南风,5.2 km 及以下为东北到东风,风向垂直切变大,此结构有利于东北风与偏南风的辐合,有利于低层水汽输送及抬升凝结。3 km 附近的东北向引导气流偏弱,导致强回波向南移的速度缓慢也是造成该地区持续强降水的原因之一(图略)。

(2) 10 日下午合肥、南京、常州 3 个多普勒雷达风廓线时空分布是:风向随高度顺转,风速随高度增大,均存在风速垂直切变,只有南京的边界层存在浅薄的风向垂直切变。合肥在 10 日 08 时开始,代表冷空气的东北气流随时间加大,空间分布随时间(到 10 日 20 时)逆转并保持东北偏北气流;南京上午 10 时开始在 1000~900 hPa 边界层出现东北风,并随时间加大,到 10 日 19 时为止,期间出现风速>12 m/s 的急流核的时间与在镇江扬中 106 mm/h 的强降水对应;常州风廓线为一致的东南气流,而强降水引发的特大暴雨就发生在南京东北气流与常州东南气流交角最大的扬中附近(图略)。

四、小 结

众所周知,凡是出现中尺度特大暴雨,其主要物理条件是充足的源源不断的水汽、强盛而持久的气流上升运动和大气层结的不稳定,通过对这次特大暴雨的诊断分析,有以下几点启示可以在今后预报工作中加以借鉴。

(1)两次特大暴雨都是由于"海葵"减弱为低压后外围或者倒槽与冷空气相遇引发的,再一次证明了在特定的大气环流条件下[16],登陆台风只要环流依然存在,必须关注产生特大暴雨的预测。

(2)鞍型场的环流背景是造成"海葵"长时间在原地回旋少动的主要原因,大陆高压和西太平洋副热带高压分别在其西北侧和东南侧加剧了西风槽后冷空气的扩散南下及暖湿气流源源不断的北上,而切断低压和"海葵"的旋转分别使得冷空气不断扩散南下和暖湿气流不断北上,这种叠加作用是造成强对流降水持续发生发展的重要条件。

(3)西风槽与"海葵"倒槽前倾和重合是位势不稳定持续的原因之一,两次特大暴雨的落区均在地面到 700 hPa 的东北气流与东南气流交界的顶端,第 1 次特大暴雨比第 2 次特大暴雨强度强,在散度场反映是前者高层辐散比后者强,在速度场反映是上升气流中心前者深厚,后者有 2 个中心,共同点是特大暴雨发生在上升区中心左侧 2 个纬距靠下沉气流一侧。

(4)多普勒雷达的应用在这次强对流降水的预报中发挥了重要作用:在风廓线时空分布方面,风向垂直切变和风速切变共存要比仅有风速切变的降水强度大,对流层中部的风向垂直切变要比边界层风向垂直切变产生的强降水时间长;平均径向速度图很好地表征了冷暖平流转换,逆风区正好对应强降水区域。

参考文献

[1] 陈联寿,丁一汇. 西太平洋台风概论[J].北京:科学出版社,1979:22-24.

[2] 程正泉,陈联寿,徐祥德,彭涛涌.近 10 年中国台风暴雨研究进展.气象,2005,31(12):3-9.

[3] 刘还珠.台风暴雨天气预报的现状和展望[J].气象,1998,24(7):5-9.

[4] 郑峰.一次热带风暴外围特大暴雨分析[J].气象,2004,31(4):77-80.

[5] 赵宇,杨晓霞,孙兴池.影响山东的台风暴雨天气的湿位涡诊断分析[J].气象,2000,30(4):15-20.

[6] 黄文根,邓北胜,熊廷南.一次台风暴雨的初步分析[J].应用气象学报,1997,8(2):247-251.

[7] 励申申,寿绍文.登陆台风维持和暴雨增幅实例的能量学分析[J].南京气象学院学报,1995,18(3):383-388.

[8] 丁治英,陈久康.有效能量和冷空气活动与台风暴雨增幅的研究[J].热带气象学报,1995,11(1):80-85.

[9] 张兴强,孙兴池,丁治英.远距离台风暴雨的正/斜压不稳定[J].南京气象学院学报,2005,28(1):78-85.

[10] 游景炎,胡欣,杜青文.9608台风低压外围暴雨中尺度分析[J].气象,1998,**24**(10):14-19.

[11] 钱维宏,朱汉苏,吴峻.台风倒槽内江苏区域性大暴雨的统计和天气动力分析[J].海洋预报,1990,**7**(3)21-26.

[12] 李武阶,李俊,公颖,等.2004年梅雨期武汉上空水汽的演变及其与暴雨的关系[J].气象,2007,**33**(2):3-9.

[13] 李君,韩国泳.0509号台风"麦莎"进入山东前后水汽分布特征[J].山东气象,2006,**26**(3):1-4.

[14] 陶祖钰.基础理论与预报实践[J].气象,2011,**37**(2):129-135.

[15] 李军霞,汤达章,李培仁,等.中小尺度的多普勒径向速度场特征分析[J].气象科学,2007,**27**(5):557-563.

[16] 沈树勤,曾明剑,吴海英.特大暴雨的中-β尺度系统研究[J].气象,2001,**27**(12):33-37.

Discussion on "120810" Heavy Rain in Jiangsu

LI Jianguo   ZHOU Qing   KONG Qiliang

(*Zhenjiang Meteorological Observatory of Jiangsu, Zhenjiang   212003*)

Abstract

During 50 hours after the strong typhoon Haikui(1211) landfalling, an extremely great torrential rainfall consisting of continuous severe precipitation occurred successively in south and north Jiangsu within one day. In this paper, the observation data, the NCEP/NCAR 6h reanalysis data, FY－2E satellite images and Doppler radar products are used to do diagnostic analysis, and results show that: (1) the circulation background of saddle field makes typhoon Haikui swing and move less at landing place for long time after its landing, and there are continental high in its northwest side and west Pacific subtropical high in the southeast side at the same time. Meanwhile, the northeast cut-low and Haikui rotation intensify the westerly trough and cold air southward moving, and the warm wet flow continues to spread in the north, all these provide sufficient moisture and dynamic conditions for the two heavy rainstorms. (2) The superposition effect of cold and warm air, and westerly trough first tilting forward and then unstable stratification and Haikui inverted-trough coincidence trigger continued development of strong convective precipitation. (3) Torrential rain morning falling area exists in the 500hPa cold narrow zone with the maximum temperature gradient, but afternoon dropping zone does in the 500hPa temperature gradient maximum warm narrow side, this is the important feature of these two torrential rain processes. (4) Doppler radar data are important for these two rainstorm nowcastings.

上海沿海 WRF 模式风速预报的检验和释用

朱智慧　黄宁立

（上海海洋气象台　上海　201300）

提　要

用上海沿海 3 个浮标站的实测 2 min 平均风速资料，对 WRF 模式的 0～24 h 风速预报进行了检验，并采用线性回归方法和 BP 神经网络方法建立了预报模型。结果表明，WRF 模式对上海沿海风速预报具有较高的准确度，3 个浮标站的模式预报风速与实测风速的相关系数分别为 0.83、0.77 和 0.75，对风力 6 级以下的风速预报效果优于风力 6 级以上的风速预报，对外海风速的预报效果则优于近海。利用线性回归和 BP 神经网络方法建立了海礁浮标和黄泽洋船标的预报模型，其预报结果的预报评分略低于 WRF 模式的预报评分，利用 BP 神经网络建立的洋山浮标的预报模型，其预报结果的预报评分则明显高于 WRF 模式的预报评分，说明在地形较为复杂的近岸海域，模式预报风速与实测风速非线性特征较为显著，BP 神经网络预报模型能发挥较好的预报效果。

关键词　WRF 模式　检验　线性回归模型　BP 神经网络

一、引　言

随着海上运输、海洋渔业、海上救捞等的发展，对高时空分辨率的海上精细化预报的需求不断提高，近年来，MM5 等中尺度模式因性能稳定、海面风场预报准确率较高，在国内得到越来越多的应用[1,2]。WRF 是由美国国家环境预测中心（NCEP）的研究部门及大学的科学家共同参与进行研发的既能用于预报又可用于研究的新一代中尺度天气预报模式和同化系统，因其具有诸多优点，WRF 模式系统在 NCEP 已投入业务应用，在美国大气研究中心（NCAR）等大学研究机构也以此更替了 MM5 模式。

上海台风研究所引进的 WRF 模式，已业务化运行多年，每天北京时 02、08、14、20 时运算 4 次，预报时效 72 h，其输出产品的空间分辨率为 9 km×9 km，时间分辨率为 1 h。业务应用显示，WRF 模式对上海沿海的风力预报具有较高精度，但少有定量评估，为了定量检验 WRF 模式对上海沿海风速预报的效果，本文用 2010 年 1 月 8 日至 2011 年 3 月 3 日的上海沿海 3 个浮标站的 2 min 平均风速资料检验了对应时次 WRF 模式预报风速的效果。

虽然 WRF 模式能较好地预报上海沿海的风速变化，但其预报的风速与实际风速仍有一定的误差，因此本文尝试利用多元线性回归方法和 BP 人工神经网络方法，对 WRF 模式的预报风速进行释用，以期对 WRF 模式的预报结果进行订正，达到提高上海沿海风速预报精度的目的。

二、资料与方法

1.资料

本文所使用的资料主要有两类。

(1)上海沿海 3 个浮标站的实测 2 min 平均风速资料,分别为海礁浮标(位于 122.93°E,30.41°N)、洋山浮标(位于 122.05°E,30.62°N)、黄泽洋船标(位于 122.56°E, 30.51°N)。3 个浮标的位置如图 1 所示,洋山浮标位于洋山港区,距离小洋山较近,黄泽洋船标位于嵊泗海域,海礁浮标靠近外海。资料时间段为 2010 年 1 月 8 日至 2011 年 3 月 3 日,时间间隔为 1 h。

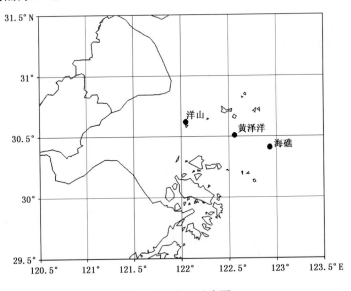

图 1 浮标位置示意图

(2)上海台风研究所运行 WRF 模式输出的 10 m 高度风资料,其空间分辨率为 9 km×9 km,时间分辨率 1 h,资料时间段为 2010 年 1 月 8 日至 2011 年 3 月 3 日,均为 20 时起报的数据。在进行对比分析时,取靠近浮标站最近的模式格点值代表该站点的模式预报结果,利用实测资料对 0～24 h 的预报结果进行逐时检验。

2.方法

(1)回归分析方法

设 y 为逐时整点实测 2 min 平均风速,x 为对应的 0～24 h 逐时模式预报风速,假设 x 与 y 的关系由一元 n 次回归方程确定,即:

$$y = a_0 + \sum_{i=1}^{n} a_i x^i$$

本文分别取 $n = 1,2,3,4,5$ 进行回归分析,拟合结果表明,一元一次线性回归方程效果最好,因此,在进行回归预报时,本文使用了 x 和 y 的一元一次线性回归模型。此外,在进行线性回归分析时,将模式预报风速按不区分大小、风速≥10.8 m/s(≥6 级)、风速<10.8 m/s(<6 级)分别与对应时次的实测 2 min 平均风速建立回归方程,并进行了预报

效果检验。

（2）BP 神经网络方法

一般的统计分析方法难以准确描述不同变量之间的非线性变化关系，人工神经网络方法在处理非线性问题上具有较好的能力，在雷暴、降水、大风、云量等的预报[3~7]中得到了较多的应用。当 WRF 模式预报的风速与实测风速之间具有较明显的非线性特征时，利用神经网络方法建立预报模型，相对一般统计方法能更好地降低模式预报风速与实测风速之间的误差。

本文采用标准的 BP 网络，它由 3 个神经元层次组成，即输入层、隐含层和输出层，输入层使用的变量是 WRF 模式预报的 10 m 高度风速。试验结果表明，在本文的分析中，隐含层为 7 个节点的 BP 模型预报评分结果最高，因此，本文所给出的数据均是隐含层为 7 个节点的 BP 模型预报结果。

（3）预报评分方法

在对风速预报进行检验时，将预报风速与实测风速的绝对误差 Δv 作为评分依据。即设 $\Delta v \leqslant 1$ m/s 时，令 TS=100；1 m/s$<\Delta v<2$ m/s 时，令 TS=80；2 m/s$<\Delta v \leqslant 3$ m/s 时，令 TS=60；3 m/s$<\Delta v \leqslant 4$ m/s 时，令 TS=50；$\Delta v >4$ m/s 时，令 TS=0。

三、WRF 模式风速预报检验

剔除实测数据缺失的样本，得到 3 个浮标的样本数分别为：海礁 4983 个、黄泽洋 6220 个、洋山 4667 个。

在进行检验时，将实测风速按不区分大小、风速 ≥10.8 m/s（≥6 级）、风速 <10.8 m/s（<6 级）分别与模式 24 h 预报结果进行了对比，结果见表 1a~c，表中正偏差代表预报值比观测值大，负偏差代表预报值比观测值小。

表 1(a)　0~24 h 风速预报检验

站名	相关系数	均方误差 (m²/s²)	平均绝对误差 (m/s)	正偏差样本百分比(%)	负偏差样本百分比(%)	$\Delta v<2$ m/s 样本百分比(%)	$\Delta v<4$ m/s 样本百分比(%)	$\Delta v<6$ m/s 样本百分比(%)
海礁	0.83	3.8	1.5	45.9	54.1	74.1	95.6	99.2
黄泽洋	0.77	5.1	1.6	50.9	49.1	71.7	93.0	98.0
洋山	0.75	5.4	1.8	75.1	24.9	66.0	92.5	97.9

表 1(b)　风速≥10.8 m/s 时 0~24 h 预报检验

站名	相关系数	均方误差 (m²/s²)	平均绝对误差 (m/s)	正偏差样本百分比(%)	负偏差样本百分比(%)	$\Delta v<2$ m/s 样本百分比(%)	$\Delta v<4$ m/s 样本百分比(%)	$\Delta v<6$ m/s 样本百分比(%)
海礁	0.56	3.5	1.4	45.5	54.5	76.3	96.2	99.6
黄泽洋	0.27	9.2	2.0	53.7	46.3	69.1	90.5	93.6
洋山	0.27	12.1	2.8	95.3	4.7	44.1	79.5	91.0

表 1(c)　风速<10.8 m/s 时 0～24 h 预报检验

站名	相关系数	均方误差 (m²/s²)	平均绝对误差 (m/s)	正偏差样本百分比(%)	负偏差样本百分比(%)	$\Delta v<2$ m/s 样本百分比(%)	$\Delta v<4$ m/s 样本百分比(%)	$\Delta v<6$ m/s 样本百分比(%)
海礁	0.72	3.8	1.5	45.9	54.1	73.8	95.6	99.1
黄泽洋	0.69	4.5	1.6	50.5	49.5	72.0	93.4	98.6
洋山	0.67	4.9	1.7	73.6	26.4	67.7	93.5	98.4

从表 1a 中可以看到,WRF 对 3 个浮标站的风速预报都与实况比较接近,相关系数分别达到了 0.83、0.77 和 0.75,其中,对海礁浮标的预报效果最好,均方误差和平均绝对误差分别为 3.8 m²/s² 和 1.5 m/s,$\Delta v<2$ m/s 的样本数达 74.1%,而 $\Delta v<4$ m/s 和 $\Delta v<6$ m/s 的样本数则分别有 95.6% 和 99.2%;对洋山浮标的预报效果最差,均方误差和平均绝对误差分别为 5.4 m²/s² 和 1.8 m/s,$\Delta v<2$ m/s 的样本数为 66.0%,而 $\Delta v<6$ m/s 的样本数有 97.9%。此外,从表 1a 中还可以看到,WRF 对海礁浮标的风速预报以负偏差为主,对黄泽洋船标的风速预报正负偏差基本相等,而对洋山浮标的风速预报则存在明显的正偏差,样本数高达 75.1%。从表 1b 中可以看到,对风速≥10.8 m/s 时的预报,海礁浮标预报效果最好,相关系数达 0.56,通过了显著性水平 $\alpha = 0.01$ 的检验($r_\alpha = 0.24$),黄泽洋船标和洋山浮标的预报效果则较差,相关系数只有 0.27,对洋山浮标的风速预报还是以正偏差为主,且高达 95.3%,$\Delta v<2$ m/s、$\Delta v<4$ m/s、$\Delta v<6$ m/s 的样本数分别为 44.1%、79.5% 和 91.0%,这表明,在受地形影响较多的区域,WRF 模式对大风的预报效果较差。从表 1c 中可以看到,对风速<10.8 m/s 时的预报依然是海礁浮标效果最好。这表明 WRF 模式的预报效果受地形的影响比较显著,在远离陆地的远海海域上,预报效果明显优于周围岛屿较多、地形比较复杂的近海海域。

四、WRF 风速预报释用结果分析

取每个浮标资料样本数的 2/3 用来建立线性回归预报模型和 BP 神经网络预报模型,利用后面的 1/3 样本数进行预报试验,并与 WRF 的模式预报结果进行了对比,结果见表 2、表 3 和表 4。其中,海礁浮标、黄泽洋船标和洋山浮标风速不区分大小、风速≥10.8 m/s、风速<10.8 m/s 的 0～24 h 线性回归预报模型分别为公式(1)～(3):

$$\begin{cases} y = 0.81x + 1.25(\text{不区分大小}) \\ y = 0.65x + 4.07(\text{风速} \geqslant 10.8 \text{ m/s}) \\ y = 0.71x + 1.69(\text{风速} < 10.8 \text{ m/s}) \end{cases} \tag{1}$$

$$\begin{cases} y = 0.81x + 1.04(\text{不区分大小}) \\ y = 0.75x + 2.54(\text{风速} \geqslant 10.8 \text{ m/s}) \\ y = 0.74x + 1.39(\text{风速} < 10.8 \text{ m/s}) \end{cases} \tag{2}$$

$$\begin{cases} y = 0.77x + 0.59(\text{不区分大小}) \\ y = 0.77x + 1.37(\text{风速} \geqslant 10.8 \text{ m/s}) \\ y = 0.59x + 1.28(\text{风速} < 10.8 \text{ m/s}) \end{cases} \tag{3}$$

表 2(a)　海礁浮标 0～24 h 风速线性回归预报、BP 神经网络预报与 WRF 预报对比

方法	均方误差 (m²/s²)	平均绝对误差 (m/s)	正偏差样本百分比(%)	负偏差样本百分比(%)	$\Delta v<2$ m/s 样本百分比(%)	$\Delta v<4$ m/s 样本百分比(%)	$\Delta v<6$ m/s 样本百分比(%)	预报评分
线性回归	4.4	1.6	28.9	71.1	68.0	94.1	98.7	77
BP 神经网络	4.1	1.6	30.7	69.3	70.5	95.5	98.7	79
WRF	3.5	1.4	37.6	62.4	77.1	96.8	98.7	83

表 2(b)　海礁浮标风速≥10.8 m/s 时 0～24 h 线性回归预报、BP 神经网络预报与 WRF 预报对比

方法	均方误差 (m²/s²)	平均绝对误差 (m/s)	正偏差样本百分比(%)	负偏差样本百分比(%)	$\Delta v<2$ m/s 样本百分比(%)	$\Delta v<4$ m/s 样本百分比(%)	$\Delta v<6$ m/s 样本百分比(%)	预报评分
线性回归	4.1	1.6	22.6	77.4	69.4	95.2	100.0	78
BP 神经网络	4.7	1.7	19.4	80.6	67.7	93.0	98.9	76
WRF	3.2	1.4	30.6	69.4	74.7	97.8	100.0	83

表 2(c)　海礁浮标风速<10.8 m/s 时 0～24 h 线性回归预报、BP 神经网络预报与 WRF 预报对比

方法	均方误差 (m²/s²)	平均绝对误差 (m/s)	正偏差样本百分比(%)	负偏差样本百分比(%)	$\Delta v<2$ m/s 样本百分比(%)	$\Delta v<4$ m/s 样本百分比(%)	$\Delta v<6$ m/s 样本百分比(%)	预报评分
线性回归	3.8	1.5	37.9	62.1	71.8	95.8	99.2	80
BP 神经网络	3.9	1.5	38.8	61.2	71.7	95.8	99.1	80
WRF	3.5	1.4	44.9	55.1	77.0	96.2	99.0	82

从表 2a～c 中可以看到,对海礁浮标,按风速不区分大小、风速≥10.8 m/s、风速<10.8 m/s 进行预报,都是 WRF 模式的预报效果最好,3 种情况下的均方误差和平均绝对误差都是最小,预报评分也最高。线性回归和 BP 神经网络预报模型的结果接近,但都没有优于 WRF 模式。此外,从表 2 中还可以看到,3 种情况下的 3 种预报结果都以负偏差为主。

表 3(a)　黄泽洋船标风速 0～24 h 线性回归预报、BP 神经网络预报与 WRF 预报对比

方法	均方误差 (m²/s²)	平均绝对误差 (m/s)	正偏差样本百分比(%)	负偏差样本百分比(%)	$\Delta v<2$ m/s 样本百分比(%)	$\Delta v<4$ m/s 样本百分比(%)	$\Delta v<6$ m/s 样本百分比(%)	预报评分
线性回归	8.8	2.2	40.4	59.6	58.3	86.5	93.4	69
BP 神经网络	8.8	2.2	39.9	60.1	60.1	87.4	93.6	70
WRF	9.4	2.1	49.7	50.3	65.7	86.8	92.9	73

表 3(b)　黄泽洋船标风速≥10.8 m/s 时 0～24 h 线性回归预报、BP 神经网络预报与 WRF 预报对比

方法	均方误差 (m²/s²)	平均绝对误差 (m/s)	正偏差样本 百分比(%)	负偏差样本 百分比(%)	$\Delta v < 2$ m/s 样本 百分比(%)	$\Delta v < 4$ m/s 样本 百分比(%)	$\Delta v < 6$ m/s 样本 百分比(%)	预报评分
线性回归	15.6	2.6	41.0	59.0	61.1	83.8	85.9	69
BP 神经网络	19.1	2.6	39.7	60.3	58.1	79.9	82.9	65
WRF	17.1	2.6	54.3	45.7	62.4	85.5	85.9	71

表 3(c)　黄泽洋船标风速<10.8 m/s 时 0～24 h 线性回归预报、BP 神经网络预报与 WRF 预报对比

方法	均方误差 (m²/s²)	平均绝对误差 (m/s)	正偏差样本 百分比(%)	负偏差样本 百分比(%)	$\Delta v < 2$ m/s 样本 百分比(%)	$\Delta v < 4$ m/s 样本 百分比(%)	$\Delta v < 6$ m/s 样本 百分比(%)	预报评分
线性回归	4.6	1.6	43.5	56.5	69.2	93.0	98.1	77
BP 神经网络	4.5	1.6	43.0	57.0	69.6	93.5	98.4	77
WRF	4.8	1.6	49.7	50.3	73.8	92.3	97.7	79

　　从表 3a～c 中可以看到,对黄泽洋船标,按风速不区分大小、风速≥10.8 m/s、风速<10.8 m/s 进行预报,3 种预报结果的均方误差、平均绝对误差和预报评分都比较接近。从表 3a 中可以看到,$\Delta v < 4$ m/s 和 $\Delta v < 6$ m/s 的样本数以 BP 神经网络预报为最多。从表 3b 和 3c 中可以看到,对风速≥10.8 m/s 时的预报,线性回归和 BP 神经网络两种预报模型的 $\Delta v < 2$ m/s 和 $\Delta v < 4$ m/s 样本百分比要低于 WRF 模式,而对风速<10.8 m/s 时的预报,线性回归和 BP 神经网络两种预报模型的 $\Delta v < 4$ m/s 和 $\Delta v < 6$ m/s 样本百分比要高于 WRF 模式,这说明对风速<10.8 m/s 时的预报,线性回归和 BP 神经网络模型的预报效果要更好一些。此外,从表 3a～c 中也可以看到,对黄泽洋船标,3 种情况下的 3 种预报仍以负偏差为主。

表 4(a)　洋山浮标风速 0～24 h 线性回归预报、BP 神经网络预报与 WRF 预报对比

方法	均方误差 (m²/s²)	平均绝对误差 (m/s)	正偏差样本 百分比(%)	负偏差样本 百分比(%)	$\Delta v < 2$ m/s 样本 百分比(%)	$\Delta v < 4$ m/s 样本 百分比(%)	$\Delta v < 6$ m/s 样本 百分比(%)	预报评分
线性回归	2.6	1.3	64.4	35.6	81.3	97.9	99.8	84
BP 神经网络	2.6	1.3	62.9	37.1	81.2	98.3	99.6	84
WRF	5.0	1.8	80.8	19.2	65.0	94.1	98.8	75

表 4(b)　洋山浮标风速≥10.8 m/s 时 0～24 h 线性回归预报、BP 神经网络预报与 WRF 预报对比

方法	均方误差 (m²/s²)	平均绝对误差 (m/s)	正偏差样本 百分比(%)	负偏差样本 百分比(%)	$\Delta v < 2$ m/s 样本 百分比(%)	$\Delta v < 4$ m/s 样本 百分比(%)	$\Delta v < 6$ m/s 样本 百分比(%)	预报评分
线性回归	5.3	1.6	65.4	34.6	75.7	90.7	96.3	78
BP 神经网络	5.0	1.6	64.5	35.5	74.8	90.7	97.2	78
WRF	10.6	2.6	93.5	6.5	46.7	83.2	91.6	63

表 4(c)　洋山浮标风速＜10.8 m/s 时 0～24 h 线性回归预报、BP 神经网络预报与 WRF 预报对比

方法	均方误差 （m^2/s^2）	平均绝对 误差 （m/s）	正偏差 样本 百分比（%）	负偏差 样本 百分比（%）	$\Delta v<2$ m/s 样本 百分比（%）	$\Delta v<4$ m/s 样本 百分比（%）	$\Delta v<6$ m/s 样本 百分比（%）	预报 评分
线性回归	2.2	1.2	52.9	47.1	82.3	99.1	99.9	80
BP 神经网络	2.2	1.2	51.9	48.1	82.4	99.4	99.9	86
WRF	3.8	1.6	79.7	20.3	70.5	96.6	99.7	79

从表 4a～c 中可以看到,对洋山浮标,按风速不区分大小、风速≥10.8 m/s、风速＜10.8 m/s 进行预报,线性回归和 BP 神经网络预报都起到了较好的订正效果,均方误差、平均绝对误差和预报评分都高于 WRF 模式,这说明对周围地形环境比较复杂的洋山浮标而言,WRF 模式的风速预报效果较差。从表 4a 中可以看到,线性回归和 BP 神经网络预报的 $\Delta v<2$ m/s 样本数明显高于 WRF,分别为 81.3% 和 81.2%,$\Delta v<4$ m/s 样本数也高于 WRF,分别为 97.9% 和 98.3%,而 $\Delta v<6$ m/s 也较高,分别为 99.8% 和 99.6%。从表 4b 和 4c 中可以看到,对风速≥10.8 m/s 和风速＜10.8 m/s 时进行预报,线性回归和 BP 神经网络预报模型的均方误差和平均绝对误差都低于 WRF 模式,$\Delta v<2$ m/s、$\Delta v<4$ m/s 和 $\Delta v<6$ m/s 的样本数也明显高于 WRF 模式预报,而且对 $\Delta v<4$ m/s 和 $\Delta v<6$ m/s 的样本数而言,以 BP 神经网络预报模型的百分比最高,这说明非线性预报模型能较好地订正洋山浮标的预报结果。此外,从表 4a～c 中还可以看到,3 种情况下 3 种预报结果都是以正偏差为主。

五、结论与讨论

通过以上分析,本文主要得出以下几点结论:

（1）WRF 模式对上海沿海风速预报具有较高的准确度,3 个浮标站模式预报结果与实测风速的相关系数达到了 0.83、0.77 和 0.75,对风速＜10.8 m/s 的预报效果优于风速≥10.8 m/s,即 WRF 模式对大风的预报能力稍差,同时,在 3 个浮标中,不论风速大小,以 WRF 模式对海礁浮标站的预报效果最好,说明 WRF 模式对外海风速的预报效果要优于近海。

（2）利用线性回归和 BP 神经网络建立的海礁浮标和黄泽洋船标的预报模型,其预报评分接近 WRF 模式,但要偏低。

（3）利用 BP 神经网络建立的洋山浮标的预报模型,其预报评分明显高于 WRF 模式,说明在地形较为复杂的近岸海域,模式预报风速与实测风速非线性特征较为显著,BP 神经网络预报模型能收到较好的效果。

参考文献

[1]　顾建峰,殷鹤宝,徐一鸣,等. MM5 在上海区域气象中心数值预报中的改进和应用[J]. 应用气象学报,2000,**11**(2):189-198.

[2]　高荣珍,杨育强,孙桂平. 基于 MM5 的青岛近海风速精细化预报[J]. 海洋湖沼通报,2007,**4**:30-36.

[3]　Donald W M. A neural network short-term forecast of significant thunderstorms[J]. *Weather and Forecasting*,1992,**7**:525-534.

[4]　Yuval,William W H. An adaptive nonlinear MOS scheme for precipitation forecasts using Neural Networks. *Weather and Forecasting*,2003,**18**:303-310.

[5]　Ralf K,Pierre E,and Daniel C. Neural Network classifiers for local wind prediction[J]. *Journal of Applied Meteorology*,2004,**43**:727-738.

[6]　陈德花,刘铭,苏卫东,等.BP 人工神经网络在 MM5 预报福建沿海大风中的释用[J]. 暴雨灾害,2010,**29**(3):263-267.

[7]　张长卫.基于 BP 神经网络的单站总云量预报研究[J].气象与环境科学,2009,**32**(1):68-71.

Verification and Application of Wind Speed Forecast in Shanghai Coastal Area by the WRF Model

ZHU Zhihui　　*HUANG Ningli*

(*Shanghai Marine Meteorological Center,Shanghai*　201300)

Abstract

By using the mean wind speed data at 3 buoys in Shanghai coastal area, the $0-24h$ wind speed forecast by WRF model is verified, and some forecast models are established using linear regression and BP neural network methods. The results show that: the WRF model wind speed forecast has high accuracy in Shanghai coastal area, the correlation coefficients between WRF NWP (numerical weather prediction) wind speeds and observation wind speeds at 3 buoys reach 0.83, 0.77 and 0.75; respectively. The forecast for wind speed higher than $6-$scale is better than that lower than $6-$scale. The external sea wind speed forecast effect is better than offshore. The forecast model established by linear regression and BP neural network methods for Haijiao and Huangzeyang buoys have close TS scores to WRF model. This shows that the external sea area is less influenced by terrain, the linear and nonlinear relationships between WRF NWP wind speed and observation wind speed are both not obvious. The forecast model established by BP neural network method for Yangshan buoy has higher TS scores than WRF model. This shows that the offshore areas are more influenced by terrain, the nonlinear relationship between WRF NWP wind speed and observation wind speed is obvious, and the BP neural network forecast model can get good results.

淮北地区一次秋季强寒潮天气的诊断分析

沈 伟 丘文先 赵燕华 张 莹 尹 君

(江苏省宿迁市气象局 宿迁 223800)

提 要

2009 年 10 月 31 日至 11 月 2 日,淮北地区出现了一次区域性强寒潮天气,对公路、铁路交通和湖上作业安全等造成较大影响。通过对此次寒潮的天气背景、影响系统以及降水和大风降温成因的分析,得出以下结论:这次秋季强寒潮属小槽发展型,其冷空气入侵路径属中路型。冷空气爆发分为两个阶段,并表现出不同的天气特征:第一阶段,冷空气主体偏北,冷锋过境时主要表现为降水,而第二阶段,冷空气主体加强南压,副冷锋过境时主要表现为降温和大风。寒潮爆发前西伯利亚大低压发展维持造成强冷空气源,当环流形势背景发生调整,乌拉尔山暖脊的发展、经向环流的加强,致使横槽生成,极地冷空气进一步补充,形成了强大的冷高压、锋区和冷平流,是造成这次寒潮降温的主要原因。持久较强的冷平流所造成的气压梯度和强变压,以及高层急流区所产生的动量下传,是导致出现持久大风的主要原因。另外,700 hPa 水汽辐合和 500 hPa 较强的上升运动为此次降水过程提供了动力、水汽条件。

关键词 寒潮 大风 冷平流

一、引 言

寒潮是东亚地区冬季最受瞩目的天气现象。寒潮天气通常会造成剧烈降温和大风,有时还伴有雨、雪、雨凇或霜冻,常对我国农业、交通和经济活动造成巨大损失[1]。早在 20 世纪 50 年代,我国气象工作者已经对寒潮进行了研究。李宪之[3] 在 1955 年指出东亚寒潮可以分为三大类型;陶诗言[4] 在 1957 年研究了影响中国大陆的冷空气源地和路径。20 世纪 80—90 年代,张培忠等[5,6]进一步证实了中国寒潮的三个源地;仇永炎等[7,8]分析了寒潮天气的物理过程,对寒潮中期预报方法进行了一系列探索;丁一汇等[9,10]对寒潮过程中的等熵位涡的变化进行了研究,并对东亚寒潮冷空气的传播和行星尺度作用进行了研究。大量的有关寒潮的特征、天气系统和成因的研究形成了经典的寒潮理论[1,2]。近年来我国不少学者对错综复杂的寒潮天气进行了动力学诊断和数值模拟研究,得到了一些重要的研究成果,许爱华等对一些寒潮天气过程进行了天气动力学诊断和数值模拟研究[11~15],毛玉琴等对寒潮天气环流形势及其预报做了分析研究[16~18]。本文重在分析揭示 2009 年秋季一次强寒潮天气现象的特征和成因,以期提高对寒潮天气的预报能力,提升对寒潮天气的预警能力。

二、寒潮标准

根据 2005 年中国气象局预测减灾司下发的《天气预报等级用语业务规定》文件,寒潮标准为:48 h区内最低气温下降8℃以上,最低气温≤4℃;而强寒潮标准为:48 h责任区内最低气温下降14℃以上,最低气温≤4℃。与旧标准相比,48 h降温幅度减小,并更注重最低气温的变化,应用新标准认定的寒潮次数可能比旧标准略多,但强寒潮依旧偏少。

三、天气概况

寒潮过程一般出现在10月至翌年4月,主要集中在11月至翌年3月,从淮北地区寒潮过程历史概况来看,这次寒潮过程出现时间相对较早,其影响时间之长、影响范围之广、降温幅度之大实属历史罕见,过程最低气温突破至历史同期极值。

2009年10月31日至11月2日,受北方强冷空气影响,东北、黄淮地区先后出现降水,其中东北地区出现中雪,山东半岛附近出现大到暴雨,淮北地区中到大雨,并出现8级左右的偏北大风(以宿迁站为例,11月1日22时当地面副冷锋过境时最大风速达17.3 m/s),同时在11月2日和3日连续两天两次达到寒潮标准,宿迁站10月31日至11月2日48 h内最低气温下降14℃,达强寒潮标准,11月1—3日48 h最低气温下降10℃,3日最低气温达到−2～−5℃,并出现霜冻,徐州、宿迁最低气温均突破历史同期极值。这次过程是2009年入秋以来影响本地最强的一次冷空气过程,寒潮伴随的大风及寒潮前的低能见度等对公路、铁路交通和湖上作业安全等造成较大影响,降温较大,对刚出苗的小麦、大棚蔬菜、油菜移栽也略有不利影响,值得深入研究。

四、寒潮天气过程分析

1.冷空气的积累

寒潮能否爆发,与前期一定的大气环流形势、冷源及冷空气的聚集程度有着密切关系。10月25日,500 hPa亚欧图上(图略),50°N以北地区的环流呈倒Ω型,乌拉尔山以东至东亚是一宽广的冷低压槽。冷低压中心在西伯利亚地区维持,中心值为512 dagpm,冷中心温度达−44℃,冷槽东移南压的速度较为缓慢,这有利于冷空气在此不断累积加强。亚洲中纬度地区以平直的西风气流为主,并有小波动东移,我市天气较好,气温较高。到29日,西伯利亚冷低压后部分裂出小槽,并携冷空气进入我国新疆地区,同时在黑海到里海、咸海一带有强劲的暖平流,暖平流使高压脊东移发展,到30日20时,如图1a所示,500 hPa中高纬度地区形成典型的两槽一脊型(即西欧槽、乌拉尔山暖脊、东亚大槽),西伯利亚地区经向环流加强,不断引导极地冷空气在该地区堆积,为寒潮的爆发提供了首要条件。

2.冷空气的爆发

这次寒潮过程属小槽发展型,其冷空气爆发过程主要分为两个阶段:第一阶段(10月31日),冷空气主体偏北(贝加尔湖以北),冷锋过境时主要表现为降水;而第二阶段(11月1日),冷空气主体南压,副冷锋过境时主要表现为降温和大风。

10月31日08时500 hPa图上(图略),乌拉尔山暖脊东移,且进一步向东北伸展,在脊前部的偏北和西北气流之间贝加尔湖—蒙古附近生成一横槽,在中纬度地区,随着西伯利亚地区经向环流的加强,冷空气注入小槽,使之加强,至31日08时该槽已经移至蒙古

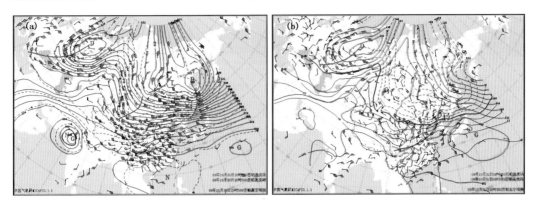

图1 2009年10月30日20时500 hPa高空图(a)和10月31日08时850 hPa高空图(b)

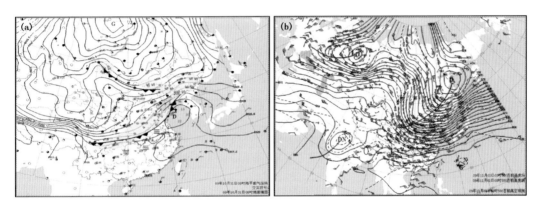

图2 2009年10月31日08时地面图(a)和11月1日08时500 hPa高空图(b)

一河套地区;850 hPa图上(图1b),山东半岛—淮北地区有一东北—西南向的低涡切变,同时配合有冷平流,从地面图上(图2a)可见冷锋已经进入江苏北部,冷高压主体依然位于贝加尔湖以北地区,中心强度达1056.9 hPa,同日下午淮北一带出现降水过程,并出现6级偏北风。到11月1日早晨24 h最低气温降温近10℃,宿迁10月31日至11月1日最低气温下降近10℃。

11月1日,环流形势500 hPa高空(图2b)中高纬冷涡中心移至鄂霍茨克海,冷中心为−40℃,略落后于低涡,说明冷空气强度依然维持。乌拉尔山高压脊略有减弱,其后部出现冷舌,有弱的暖平流移至脊前,即横槽后部出现暖平流(图略),说明冷空气已经向南移动,横槽压至内蒙古境内,槽前等高线疏散形成的正涡度平流和冷平流产生的负变高,以及横槽后部东北气流逆转为西北气流出现暖平流的正变高,均预示着横槽将要转为竖槽;1日20时横槽开始转竖槽,和小槽同位相叠加,使低槽向南发展加深,地面冷高压主体、副冷锋迅速南下,引导中、东西伯利亚强冷空气向南迅猛爆发,从冷高压移动路径上看这次寒潮属于中路型。1日20时地面图上(图略),冷高压迅速南压,中心压至内蒙古河套地区,强度达1057.7 hPa,其中临河站(53513)24 h变压为+24.2 hPa,同时副冷锋进入江苏北部,气压梯度加大,徐州站3 h变压在+4 hPa左右,气压梯度的增大和锋后的正变压使江苏大部地区出现大风天气,淮北一带大部地区出现7级以上大风,宿迁站最大风速达17.3 m/s,东部沿海地区的极大风速达20 m/s以上,连云港的大桅尖自动气象站极大风速达 27.6 m/s。

3.冷空气影响的结束

2 日 08 时,淮北地区转为高空槽后的西北气流控制,天气晴好,地面冷高压控制华东地区,淮北地区处于 1040 hPa 等压线内,风速逐渐减小,但高空仍维持着较强的冷平流,3 日早晨最低气温降至 -2～-3℃,至此冷空气影响结束。

五、降水分析

降水不但需要充足的水汽条件,还需要一定的上升运动。下面主要从水汽和上升运动对 31 日降水过程进行分析。

1.水汽通量散度

水汽条件是产生降水的首要条件,当水汽由源地输送到某地区时,必须有水汽在该地区水平辐合,才能上升冷却凝结成雨。

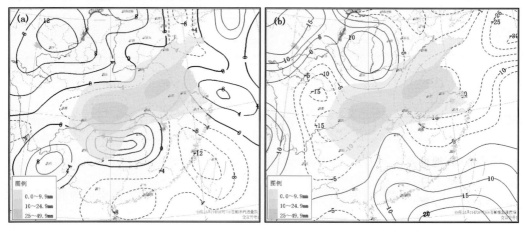

图 3　(a)2009 年 10 月 31 日 08 时至 11 月 1 日 08 时 24 h 降水量(阴影区,单位:mm)和 10 月 31 日 20 时 700 hPa 水汽通量散度(实/虚线,单位:10^{-5} g·hPa^{-1}·cm^{-2}·s^{-1});(b)10 月 31 日 08 时至 11 月 1 日 08 时 24 h 降水量(阴影区,单位:mm)和 10 月 31 日 20 时 500 hPa 垂直速度(实/虚线,单位:10^{-1}Pa/s)

31 日 08 时,水汽通量大值区及水汽辐合区与降水区配合一致(图略),且随着系统一起南压;图 3a 为 10 月 31 日 08 时至 11 月 1 日 08 时降水区和 10 月 31 日 20 时水汽通量散度叠加,可以看出,10 月 31 日 20 时水汽辐合区与降水带相重叠,且两个水汽辐合中心分别位于安徽北部($-9.2×10^{-5}$ g·hPa^{-1}·cm^{-2}·s^{-1})和湖北省($-8.6×10^{-5}$ g·hPa^{-1}·cm^{-2}·s^{-1}),与大雨落区相一致。

2.上升运动

由于冷锋锋面倾斜结构,锋面下层为较强的冷平流,以下沉气流为主,锋前存在较强的上升运动,上升运动为出现降水提供了动力条件。从各层垂直速度场上看,31 日 08 时黄淮一带在 850～250 hPa 层为 NE—SW 向的上升运动带,高层上升运动区略落后于底层,最大上升运动位于 500 hPa,与黄淮一带的降水相对应,上升运动中心(-3.1 Pa/s)位于山东半岛—渤海湾附近,届时山东半岛东部出现暴雨(图略);雨带随着 500 hPa 垂直速度的负值区南压,到 20 时,如图 3b 所示,出现两个上升运动中心分别位于安徽中北部

（－2.9 Pa/s）和湖北西部（－1.8 Pa/s），至此江淮之间出现中等强度的降水，降水中心位于 500 hPa 上升运动中心附近，而山东、河南一带为下沉运动，天气逐渐转好。

对比 11 月 1 日 20 时的水汽通量和垂直速度图可以发现，1 日副冷锋过境时，虽然存在一定的水汽辐合，但上升运动条件较差，只有局部出现一些雨夹雪。综上所述，可以看出 700 hPa 水汽辐合和 500 hPa 较强的上升运动是造成这次降水过程的重要条件。

六、降温分析

某地温度的变化主要决定于温度平流和非绝热因子的作用，温度平流主要考虑平流冷暖性质和强度，非绝热因子考虑辐射、水汽凝结、水分蒸发和地面感热对气温的影响。气温的非绝热变化主要表现为气温的日变化和气团变性。

1. 温度平流对局部地面气温变化的影响

在此次寒潮天气过程中，强烈的冷平流是气温骤降的主要原因。850hPa 的温度对地面气温有很好的指导意义，10 月 29～30 日（图略）江苏基本处在 12℃ 线以南，且为较强的暖平流，暖平流中心在渤海湾附近，强度达到 $+30.5\times10^{-5}$℃/s，冷平流位于河套地区，强度较弱；到 31 日 20 时（图 4a）有两个冷平流中心，河套地区冷平流中心已东移至渤海湾附近，强度加强至 -30.5×10^{-5}℃/s，淮北地区处于 -12×10^{-5}℃/s 区域内，配合地面冷锋，淮北地区气温开始下降，另一个冷平流中心位于蒙古境内，强度为 -20.3×10^{-5}℃/s，随着冷空气的累积，贝湖地区冷平流中心强度不断增强，到 11 月 1 日 20 时（图 4b），伴随着高空横槽转竖槽，冷平流中心移至河南境内，中心强度达 -42×10^{-5}℃/s，且呈东西走向带状结构，地面副冷锋过境，淮北地区已逐渐为冷平流控制，宿迁站日平均气温 24 h 下降了 7℃，到 2 日 08 时，带状冷平流东移南压覆盖了整个江南地区，并转为东北—西南向，中心移至安徽中南部，强度减弱为 -25.6×10^{-5}℃/s，2 日早晨淮北北部地区最低气温降至 0℃ 左右；2 日 20 时冷平流带南压至台湾海峡，我市仍处于负的温度平流中，由此可见这次冷平流强度之大，持续时间之长，3 日早晨最低温度为 $-2～-4$℃，为此次寒潮过程的最低气温，由此可见地面最低气温不是出现在 850hPa 温度最低的时候，而是出现在晴夜的第二天的早晨。

2. 非绝热因子对局部地面气温变化的影响

气温的非绝热变化是空气与外界热量交换的结果。在低层大气中，非绝热因子对局地气温作用非常明显。天气现象对气温变化的影响，因为大气的热量交换是通过太阳辐射、水汽相变而释放潜热、乱流传导来进行的。所以，天空的状况、有无降水产生和风的大小对气温变化都有影响。10 月 31 日受西路冷空气和高空槽的共同影响，淮北地区出现降水，天空状况不好，夜间云能使地面不至于散失更多的热量，所以 1 日早晨气温不至于过低。1 日受横槽转竖槽带来的冷空气影响，虽然冷锋后部天气晴好，但是风速较大，乱流交换强，也不利于夜间降温，2 日夜里风速减小，加之天空状况好，平流降温和辐射降温条件较好，导致 3 日早晨最低气温较低，达历史同期极值。

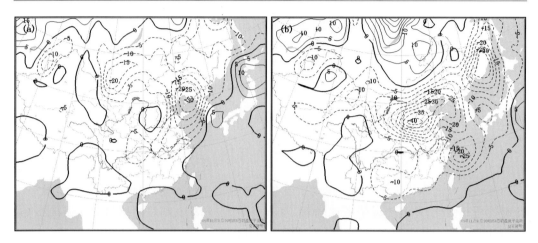

图4　2009 年 10 月 31 日 20 时 850 hPa 温度平流(a)和 11 月 1 日 20 时 850 hPa 温度平流(b)(单位：10^{-5}℃/s)

七、大风分析

1.气压梯度

根据地转风和梯度风原理[1]，对于中纬度天气尺度运动来说，在近地面层中，水平方向上地转偏向力、气压梯度力和摩擦力近于平衡；当气压梯度增大时，气压梯度力做正功，使风力加大。这次寒潮过程，地面冷高压势力在南下过程中减弱得慢，在一定的强度上维持时间长，特别是在 1 日地面副冷锋南压时，锋后的中心气压强度不降反升，到 1 日 20 时，冷高压中心移至内蒙古－河套地区，中心强度达 1057 hPa，23 时中心强度增强 0.6 hPa，与徐州站(1034.6 hPa)间的气压梯度达 23 hPa・(8 纬距)$^{-1}$，这与淮北地区出现大风的时间对应得较好，冷高压进一步南移，气压梯度较大，等压线增密，伴随冷锋过境，淮北地区均处于 6～7 级的偏北风里。

2.变压场

在近地面层中，除了摩擦作用，水平风速的变化主要取决于变压梯度分布的大小，当风向沿着变压梯度方向时，变压梯度将使得风速增加，变压梯度愈大，风力增加得愈快。从 10 月 31 日－11 月 2 日气压连续加强，且增压幅度超过 10 hPa/d，特别是 1 日横槽转竖槽，冷空气向南爆发时，1－2 日 24 h 徐州变压达＋17 hPa，宿迁 24 h 变压为＋14 hPa；1 日 14 时地面冷锋进入山东半岛，锋后 3 h 变压中心在山西北部，为＋3.7 hPa，变压中心随着冷锋南压而向南移动，且强度逐渐增强，至 20 时冷锋进入苏北地区，其后部的 3 h 变压中心移至河南北部(图5)，强度为＋6.6 hPa，徐州 3 h 变压为＋3.5 hPa，冷锋继续南压，3 h 变压最大为 4.3 hPa，出现在 2 日 02 时，随后开始减小。

3.强冷平流的作用

由于冷空气密度比暖空气密度大，当冷平流过境时，气压柱高度下降，密度增加，地面气压将上升，随着冷平流强度增大，地面正变压场加强，变压梯度也不断增大，地面气压梯度迅速增大，促使地面风场发展[19]，本次寒潮过程冷平流强度强盛，且持续时间长。如图5 所示，11 月 1 日 20 时(图5 阴影区)850 hPa 冷平流中心位于河南境内，中心强度为－42

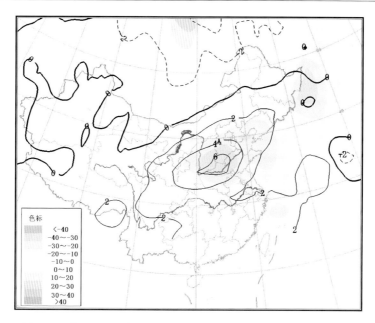

图5　11月1日20时3h地面变压场(实/虚线,单位:hPa)
与850 hPa温度平流(阴影,单位:10^{-5}℃/s)

×10^{-5}℃/s,在强冷平流的作用下,地面出现正变压中心,3 h变压为+6.6 hPa,位置与850 hPa冷流中心相重叠。随着冷平流进一步南压,淮北大部分地区的变压梯度增大,风速亦随之增大。

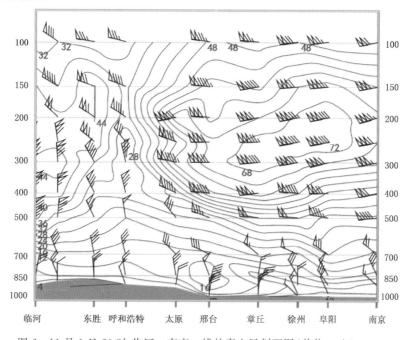

图6　11月1日20时 临河—南京一线的高空风剖面图(单位:m/s)

4.动量下传作用

11月1日20时冷高中心位于临河和乌拉特后旗一带,地面副冷锋进入淮北地区(章丘、徐州和阜阳一带),由图6可以看出,与地面冷锋相对应的高空300 hPa有风速大于72 m/s的急流中心,并向低层剧减,到对流层中低层风速为20～30 m/s,高低空风速差达50 m/s,高空动量不断下传,促使地面大风加强并能持续较长时间。

八、总　结

(1)这次秋季寒潮属小槽发展型,其路径属中路型。冷空气爆发分为两个阶段:并表现出不同的天气特征,第一阶段,冷空气主体偏北,冷锋过境时主要表现为降水,而第二阶段,冷空气主体南压,副冷锋过境时主要表现为降温和大风。

(2)寒潮爆发前西伯利亚冷低压槽发展维持造成强冷空气源,当环流形势背景发生调整,乌拉尔山暖脊的发展、经向环流的加强,致使横槽生成,极地冷空气进一步补充,形成了强大的冷高压、锋区和冷平流,是造成这次寒潮大风和降温的主要原因。

(3)10月31日,冷锋过境时,淮北地区出现的降水过程与700 hPa水汽辐合及500 hPa较强的上升运动有重要关联,两者不可或缺;这次过程的强降温主要由较强的冷平流引起,非绝热因子对最低气温的预报有重要的参考意义;而寒潮大风的直接原因是气压梯度、变压场,同时持久较强的冷平流所造成的变压和变压梯度,以及高层急流区的动量下传,是导致出现持久大风的重要原因。

参考文献

[1] 朱乾根,林锦瑞,寿绍文,等.天气学原理和方法[M].北京:气象出版社,2007.

[2] 丁一汇.高等天气学[M].北京:气象出版社,1991.

[3] 李宪之.东亚寒潮侵袭的研究.见:中国近代科学论著选刊.气象学(1919－1949)[M].北京:科学出版社,1955:35-217.

[4] 陶诗言.东亚冬季冷空气活动的研究.见:中央气象局编.短期预报手册[M].1957.

[5] 张培忠,陈光明.影响中国寒潮冷高压的统计研究[J].气象学报,1999,57(4):493-501.

[6] 丁一汇,蒙晓.一次东亚寒潮爆发后冷涌发展的研究[J].气象学报,1994,52(4):442-451.

[7] 仇永炎,王为德.寒潮中期预报研究进展[J].气象科技,1983(3):7-13.

[8] 刘怡,仇永炎.用轨迹法研究寒潮个例[J].气象学报,1992,50(1):63-72.

[9] 张培忠,丁一汇,郭春生,等.东亚寒潮高压的位涡诊断研究[J].应用气象学报,1994,5(1):50-56.

[10] 丁一汇.东亚寒潮冷空气的传播和行星尺度作用[J].应用气象学报,1991,2(2):123-132.

[11] 许爱华,乔林,詹丰兴,等.2005年3月一次寒潮天气过程的诊断分析[J].气象,2006,32(3):49-55.

[12] 姚蓉,黎祖贤,戴泽军.2008年初持续雨雪灾害过程分析[J].气象科学,2009,29(6):838-843.

[13] 王桂臣,张红华,姜有山,等.2008年初江苏省暴雪天气的诊断分析[J].气象科学,2010,30(1):60-66.

[14] 牛若芸,乔林,陈涛,等.2008年12月2—6日寒潮天气过程分析[J].气象,2009,35(12):74-82.

[15] 王丽,韦惠红,金琪,等.湖北省一次罕见寒潮天气过程气温陡降分析[J].气象,2006,32(9):71-76.

[16] 毛玉琴,曹玲.河西走廊中部寒潮、霜冻天气过程对比分析及预报着眼点[J].干旱气象,2006,**24**(4):51-56.

[17] 李岩瑛,王汝忠,齐高先,等.武威市寒潮天气气候分析及预报[J].干旱气象,2004,**22**(1):49-52.

[18] 沈跃琴,纪晓玲,邵建,等.T213等数值预报产品在宁夏寒潮预报中的释用[J].宁夏工程技术,2006,**5**(2):110-115.

[19] 吴海英,孙燕,曾明剑,等.冷空气引发江苏近海强风形成和发展的物理过程探讨[J].热带气象学报,2007,**23**(4):388-394.

Diagnosis of a Strong Cold Wave Event in Huaibei Region

SHEN Wei   QIU Wenxian   ZHAO Yanhua   ZHANG Ying   YIN Jun

(*Suqian Meteorological Bureau of Jiangsu Province, Suqian   223800*)

Abstract

A strong cold wave event occurred during October 31 to November 2 of 2009 in Huaibei Region, which had a great effect on traffic and the working on lake. The circulation background, synoptic weather systems and the formation mechanism for the cold wave event have been analyzed. The results are as follows: The cold wave was of small trough developing type and the cold airs came from the middle path direction. It had two stages during the outbreak of cold air with different feature. During the first stage, the main cold air was located northerly, and it was raining when a cold front passed. However, during the second stage, the cold air moved southward, and it resulted in the gale and the decreasing of temperature when the sub-cold front passed. Before the cold wave occurred, the development of low vortex in West Siberia was beneficial to the cold air being piled up. With the development of the warm ridge in Ural, a zonal trough was created, the cold air was strengthened, and then the abnormally strong cold high, front zone, and cold temperature advection appeared, which led to the decreasing of temperature. The surface allobaric field and its gradient that were increased by the cold temperature advection and the momentum download effect of the upper wind resulted in the gale in Huaibei Region. In addition, the convergence of atmospheric moisture at 700hPa and the ascending motion at 500hPa provided the main factors of dynamics and moisture for rain in this cold wave.

2012 年出梅期大暴雨过程的综合分析

卢秋澄　郁　健　彭小燕　凌和稳

（江苏省海安县气象局　海安　226600）

提　要

应用物理量场、卫星云图及华东地面加密观测等资料,对 2012 年苏中地区出梅阶段的一次大暴雨过程进行综合分析。分析表明,此次大暴雨是典型的梅雨锋暴雨。(1)切变低涡、静止锋是本次暴雨的主要影响系统。(2)强劲的低空急流保证了水汽来源。(3)不稳定层结和中低层强烈的辐合上升运动,为大暴雨的产生提供了动力条件。(4)全球谱模式 T639 数值预报分析、卫星云图和地面风场的演变,为强降水短时预报提供了有效依据。

关键词　大暴雨　环流特征　物理量场　综合分析

一、引　言

2012 年江淮之间梅雨是 6 月 26 日入梅,7 月 18 日出梅。实际上海安县的梅雨降水到 7 月 14 日 20 时已经结束了,梅雨总量 351.6 mm,比常年同期偏多 61%。7 月 13—14 日苏中地区连续 2 天出现了暴雨天气(表1),13 日全省 1188 个站点中降水量达到 50 mm 以上的站点有 129 个,海安县 21 个站点中有 5 个站点降水量达到 50 mm 以上(图 1a),14 日江苏全省达到 50 mm 以上的站点有 239 个,海安所有站点降雨量都达到 50 mm 以上,8 个站点达 100 mm 以上(图 1b 上色标玫红为较大的区域),南莫镇雨量达 170.3 mm,部分低洼的农田出现明显的积水。许多学者对出梅雨期大暴雨都进行过大量的分析研究[3~7],如丁一汇等[8]对 1991 年江淮流域梅雨期持续性大暴雨进行了深入的研究。出梅阶段连续两天出现暴雨到大暴雨,在海安历史上比较罕见。本文将对 2012 年 7 月 13—14 日大暴雨过程的天气形势、物理量场、地面风场和卫星云图资料作诊断分析,试图从中得到一些启示,为今后提供一些经验和依据,提高梅雨暴雨预报水平。

表 1　2012 年 7 月 12—14 日苏中主要站点降水实况(单位:mm)

站点	东台	兴化	宝应	盱眙	海安	姜堰	泰州	江都	如东	如皋	扬中
12 日	0.4	—	—	0.2	8.2	16.4	14.8	6.0	9.5	15.5	1.6
13 日	38.8	52.4	83.0	45.6	47.3	53.8	33.7	29.7	73.1	75.3	45.3
14 日	78.2	38.7	18.8	7.6	70.2	182.5	71.3	70.5	34.3	90.1	102.9

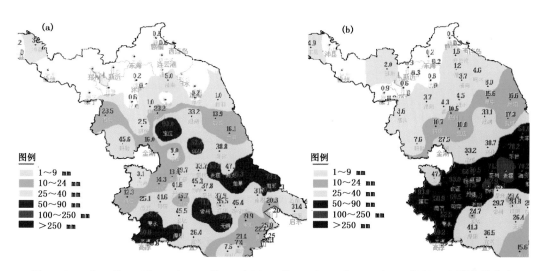

图 1   2012 年 7 月 12 日 20 时—13 日 20 时(a),7 月 13 日 20 时—14 日 20 时(b)24 h 降水量分布

二、环流背景形势特征

本次过程 500 hPa 平均高度场上欧亚中高纬度地区为典型的两脊一槽形势(图 2),巴尔喀什湖以西的乌拉尔山附近有一强度较强的高压脊,俄罗斯东部鄂霍茨克海北部地区也有一个高压维持,贝加尔湖到巴尔喀什湖之间为宽广的低压带。

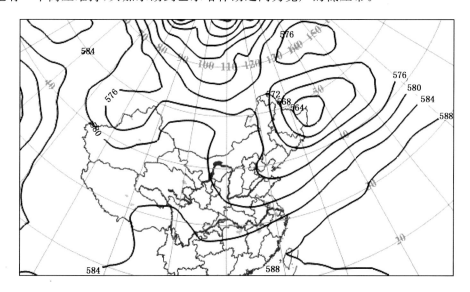

图 2   暴雨期间 500 hPa 平均高度场(2012 年 7 月 12 日 20 时—14 日 20 时)(单位:dagpm)

东亚中纬度地区为一脊一槽形势,河套以西为高压脊控制,低压中心在伯力附近,低压槽一直伸到长江中游地区,槽后有明显的冷平流,不断有分裂小槽南下影响苏中地区(表 2)。副热带高压呈纬向分布,副高脊线在 22°~24°N,暴雨前苏中地区处于槽前副高西北侧的西南暖湿气流里,暴雨过程即为高空槽东移过境过程。

表2　2012年7月11—14日500 hPa射阳、南京温度（单位：℃）

日时	11日20时	12日08时	12日20时	13日08时	13日20时	14日08时	14日20时
射阳温度	−1	−4	−4	−2	−5	−3	−4
南京温度	−1	−3	−2	−3	−2	−7	−3

在中低层700 hPa和850 hPa(图略)，长江中游到江淮南部地区维持一条东北偏东—西南偏西走向的切变线，850 hPa在恩施附近有一低涡发展东移。

地面图上与中低空相对应的静止锋，12日位于长江中下游，13日已东伸北移至南通地区中部。锋面气旋在安庆附近，14日先后移经合肥、南京、海安。14日20时，随着中低空切变南移减弱，地面气旋东移入海，连续两天的强降水过程结束。15日起受槽后高压脊控制，18日副高北跳，苏中地区转为副高控制，天气晴热。

本次大暴雨过程是比较典型的梅雨锋暴雨过程。但大多数年份梅雨出梅阶段降水仅为大雨，连续2天出现暴雨、大暴雨的天气比较罕见，而且遍及整个苏中地区。

三、低空急流的作用

低空急流是一种动量、热量和水汽的高度集中带。大部分情况下暴雨的产生与低空急流有关，据统计，在江淮梅汛期，79%的低空急流伴有暴雨，反之83%的暴雨伴有低空急流[1]。

暴雨过程开始前，中低空700 hPa和850 hPa上均已形成了SW急流。在700 hPa上，从湖南西部至南京、上海的SW急流，13日风速≥14 m/s，到14日加强为≥16 m/s。同样，850 hPa 12日08时，自广西北部经湖南到安庆有风速≥16 m/s的SW急流，20时急流延伸至南京，苏中地区正好处于急流顶端。到14日08时南京西南风速更增大到22 m/s，而切变线北侧的射阳为东北风，风速8 m/s，苏中地区出现了非常强烈的风向、风速辐合。

四、物理量场分析

1.水汽条件分析

水汽是形成暴雨的最基本条件之一。在700 hPa图上，13日20时、14日08时海安附近的相对湿度都在90%以上(图略)，通常当湿层厚度从地面向上达到700 hPa时，就有利于暴雨区的水汽集中，导致暴雨的发生[2]。

通过对水汽通量的分析发现，12—14日850～500 hPa上空与西南急气流相对应，有一条水汽通量大值轴线。

700 hPa水汽通量图上(图3a,d)，在出现大暴雨的13日20时到14日08时(图3c,d)，水汽通量大值区轴线逐渐北移，苏中地区出现暴雨的站点越来越多。再看水汽通量散度图，12日20时长江下游为大片水汽辐合区，12日夜间苏中地区出现了多点强对流降水，大多达到暴雨量级。13日08时上空转为辐散，降水亦转小，13日20时到14日08时，水汽通量散度再次转为辐合，降水量又一次增大(图3e～h)。

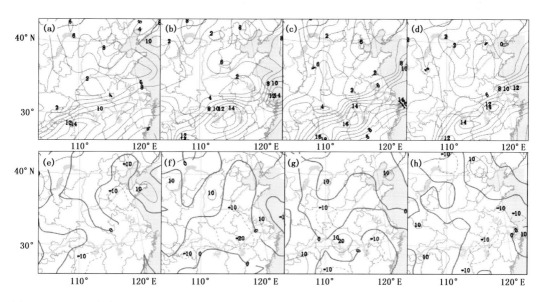

图 3 （a）~（d）分别为 2012 年 7 月 12 日 20 时、13 日 08 时、13 日 20 时、14 日 08 时 700 hPa 水汽通量；（e）~（h）分别为 7 月 12 日 20 时、13 日 08 时、13 日 20 时、14 日 08 时 700 hPa 水汽通量散度（水汽通量单位：$g \cdot cm^{-1} \cdot hPa^{-1} \cdot s^{-1}$，水汽通量散度单位：$g \cdot cm^{-2} \cdot hPa^{-1} \cdot s^{-1}$）

2.大暴雨的动力条件分析

（1）涡度场分析

通过对涡度场的分析发现（图 4），12—14 日 850 hPa 高度在从辽东半岛到长江中游地区维持着一条东北—西南向的宽广的正涡度带，苏中地区处于正涡度带轴线附近。在大暴雨发生前，14 日 08 时（图 4d），$50 \times 10^{-5} s^{-1}$ 正涡度中心已移到苏中地区上空。而在 200 hPa 上空（图略）恰好存在着一条东北—西南向的负涡度带。这种低层强辐合、高层强辐散的配置，加剧了对流的发展，在此背景条件下，大暴雨的发生就在所难免了。

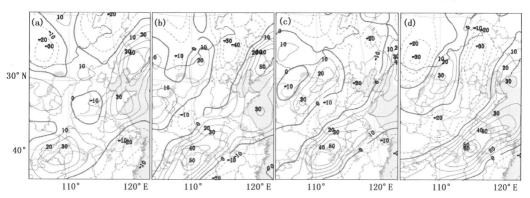

图 4 （a）~（d）分别为 2012 年 7 月 12 日 20 时、13 日 08 时、13 日 20 时、14 日 08 时 850 hPa 涡度（单位：$10^{-5} s^{-1}$）

（2）散度场分析

从大暴雨产生前的 12 日 20 时至 14 日 08 时，850~500 hPa 苏中地区为辐合上升区，尤其在两段强降水产生前的 12 日 20 时 700 hPa 散度场（图 5），辐合中心在苏鲁交界处，中心值为$-20\times10^{-6}\,\mathrm{s}^{-1}$，14 日 08 时，辐合中心南移到了海安上空。而在 200 hPa 的高空却是较强的辐散区，中低层辐合、高层辐散，非常有利于上升运动的发展。

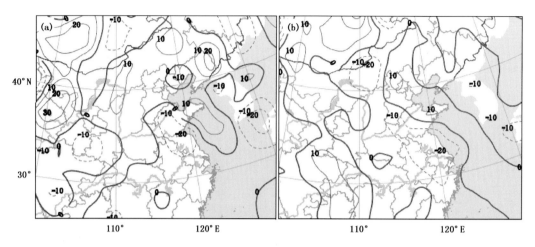

图 5　2012 年 7 月 12 日 20 时(a)和 14 日 08 时(b)700 hPa 散度　(单位:$10^{-6}\,\mathrm{s}^{-1}$)

(3) 垂直速度分析

分析 12 日 20 时至 14 日 08 时 500~850 hPa 3 个层次的垂直速度场，发现苏中地区均处于上升运动区，14 日 08 时 850 hPa(图 6a)中心值为$-30\times10^{-3}\,\mathrm{hPa}\cdot\mathrm{s}^{-1}$，而 500 hPa(图 6b)中心值达到$-70\times10^{-3}\,\mathrm{hPa}\cdot\mathrm{s}^{-1}$，随着高度上升，数值越大，抽吸作用相当显著，足够的动力条件非常有利于中尺度气旋进一步发展，从而产生强对流天气，加大雨强强度。

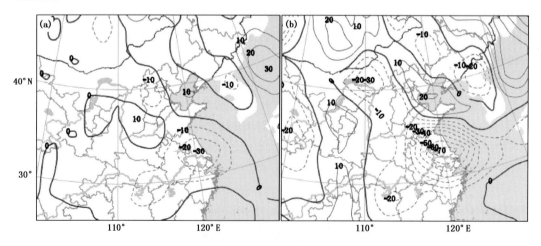

图 6　2012 年 7 月 14 日 08 时 850 hPa(a)和 500 hPa(b)垂直速度　(单位：$10^{-3}\,\mathrm{hPa}\cdot\mathrm{s}^{-1}$)

3. T639 数值预报 θ_{se} 分析

形成暴雨必须具有较大的不稳定能量。从 T639 预报的 θ_{se} 分析图(图 7)发现，850 hPa θ_{se} 高能区占据了我国华东华南地区。苏中上空的 θ_{se} 高达 340°K~350°K。虽然 500 hPa θ_{se} 也有高能区从西南地区沿长江向东延伸，但苏中地区上空 500 hPa θ_{se} 明显比 850 hPa 的偏小，层结存有潜在的位势不稳定，这就为强对流和强降水的产生创造了必要的条件。

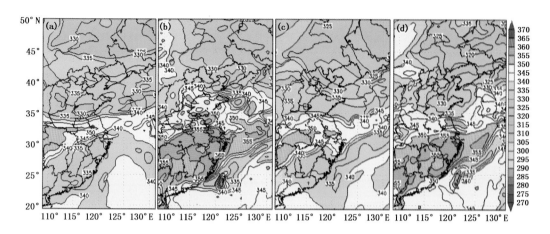

图 7　2012 年 7 月 12 日 20 时 500 hPa θ_{se} (a)、850 hPa θ_{se} (b)、7 月 13 日 20 时 500 hPa θ_{se} (c)、850 hPa θ_{se} (d)（单位：°K）

　　计算能表征苏中地区的南京、射阳的 θ_{se} 实况如表 3 所示，发现自 12 日起 $\theta_{se\,700\sim850\,hPa}$ 均为负值，$\theta_{se\,500\sim850\,hPa}$ 基本上也都是负值。而且从 12 日 20 时到 13 日 20 时的 3 层次 θ_{se} 更呈现出底层暖湿、中层明显干冷、上层又偏湿的特征，大气层结明显为潜在的不稳定层结。

表 3　2012 年 7 月 12—14 日苏中地区 500~850 hPa θse 实况（单位：°K）

时间	12 日 08 时		12 日 20 时		13 日 08 时		13 日 20 时		14 日 08 时	
	南京	射阳	南京	射阳	南京	射阳	南京	射阳	南京	射阳
500 hPa	336.3	330.7	350.9	344.5	348.2	334.9	349.5	340.8	336.6	346.8
700 hPa	341.2	328.7	348.6	333.0	333.3	326.6	341.1	338.8	343.5	342.9
850 hPa	354.8	350.2	354.8	349.3	349.3	342.7	348.2	348.2	345.6	339.6

五、地面风场与中尺度云团发展的对比分析

　　分析华东地面自动气象站的 10 min 平均风场、卫星云图和两次强降水出现时段发现，地面风场与中小尺度气旋的发展及地面降水也有着很好的对应关系，可以作为降水短时临近预报中在卫星云图无法反映小尺度系统时的补充。

　　12 日 22 时左右在靖江附近出现气旋性环流，与其相对应在卫星云图上有一强对流云团，向东北偏东方向移动影响苏中地区，普遍出现了雷暴雨。海安的降水也开始增大，13 日 00—02 时（图 8，上图左边两幅）中尺度气旋刚好移经海安，海安大部分地区 2 h 雨量在 30~40 mm。14 日凌晨，墩头雨量点测得 1 h 降水高达 53.9 mm、南莫雨量点 50.7 mm。中小尺度气旋的生成、发展和移动在地面风场上（图 8，上图右边两幅）都能得到很好的反映。由于大量能量被释放，14 日白天苏中地区的降雨已转成典型的切变静止锋型梅雨降水，虽然地面风场也反映有小的波动，但云图上已是稳定性降水云系。

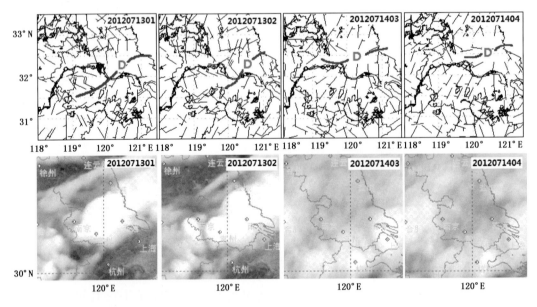

图8　2012年7月13日01时、02时,14日03时、04时地面风场和FY2卫星云图

六、小　结

通过以上分析得出,此次大暴雨是典型的梅雨锋暴雨过程。

(1)本次梅雨锋暴雨在欧亚中高纬度为两脊一槽形势,东亚中纬度一槽一脊,切变线、地面气旋是本次暴雨天气过程的主要影响系统。

(2)低空急流作为水汽和能量的输送带,对本次大暴雨的产生、发展和维持起了重要作用,水汽通量散度的辐合,深厚的湿层有利于暴雨、大暴雨的发生。

(3)物理量场的有利配置为大暴雨提供了良好的热力、动力和水汽条件,850 hPa θ_{se}高能区以及 θ_{se} 随高度递减的潜在层结不稳定,是触发强对流的有利条件;涡度和散度场上,中低层较强的辐合、高层辐散的配置,非常有利于上升运动;垂直速度随高度增大的配置,为大暴雨的产生提供了动力条件。

(4)关注地面风场的演变,可以为中小尺度的强降水临近预报提供参考。

(5)遍及整个苏中地区的出梅阶段,连续两天出现暴雨到大暴雨,历史上比较罕见。海安位于苏中地区中部,在7月13—14日苏中大暴雨过程中,海安站准确地预报了暴雨的出现与过程雨量的演变。T639数值预报产品中的物理量场较好地反映了此次暴雨过程的动力、热力特征,我们应用了T639数值预报分析图,取得了满意的效果。

参考文献

[1]　朱乾根,林锦瑞,寿绍文,等.天气学原理与方法[M].北京:气象出版社.2000:385-393.

[2]　曹晓岗,张吉,王慧,等."080825"上海大暴雨综合分析[J].气象,2009,35(4):52-58.

[3]　尹洁,叶成志,吴贤云,等.2005年一次持续性梅雨锋暴雨的分析[J].气象,2006,32(3):87-93.

［4］ 尹东屏,曾明剑,吴海英,等. 2003 年和 2006 年梅汛期暴雨的梅雨锋特征分析[J]. 气象,2010,**36**(6):1-6.

［5］ 郑媛媛,张小玲,朱红芳,等. 2007 年 7 月 8 日特大暴雨过程的中尺度特征[J]. 气象,2009,**35**(2):57-63.

［6］ 尹洁,郑婧,张瑛,等. 一次梅雨锋特大暴雨过程分析及数值模型[J]. 气象,2011,**37**(7):827-837.

［7］ 江苏省气象局预报课题组. 江苏重要天气分析和预报(下)[M]. 北京:气象出版社,1988:30-35.

［8］ 丁一汇,等. 1992 年江淮流域持续性特大暴雨研究[M]. 北京:气象出版社,1993:5-240.

The Synthetic Analysis of the Heavy Rainstorm Process at the End of Plum Rain Season of 2012

LU Qiucheng   YU Jian   PENG Xiaoyan   LING Hewen

(*Hai'an Meteorological Office of Jiangsu province, Haian   226600*)

Abstract

Based on physical quantity field, satellite images and surface intensive observation data of eastern China, this paper synthetically analyzed the heavy rainstorm process that occurred at the end of plum rain season in central Jiangsu region during 2012. The results indicated that it's a typical plum rain frontal rainstorm. 1. A low whirlpool shear and stationary front were the main causes of rainstorms; 2. Strong low—level jet stream provided sufficient source of water vapor; 3. Unstable stratification, together with the ascending motion of middle and low-level convergence, provided dynamic conditions of severe precipitations; 4. Global spectral model T639 numerical forecast product, satellite images and evolution of surface wind field provided efficient supports for forecast of severe precipitations in short-range.

EC 细网格数值预报产品在一次大雾预报中的释用

陈晓红　　朱佳宁　　周扬帆

(安徽省气象台　合肥　230031)

提　要

本文应用欧洲中期天气预报中心(ECMWF)细网格($0.25°×0.25°$)数值预报产品和常规气象资料，对秋冬季在安徽发生的 1 次大雾过程进行诊断分析和预报释用，旨在发现其在大雾预报上的指示意义，在新资料应用上积累一点经验，以提高大雾预报的准确性。分析表明：细网格 10 m 高度上的风、低层温度垂直分布、近地层湿度分布、云量和总云量等要素预报，对辐射雾及大雾分布的预报有较好的指示意义。细网格数值预报产品弥补了时空分辨率不足的缺陷，使预报员对系统发生、发展的不同阶段有更清楚的认识，可防止或减少大雾灾害天气的漏报，提高预报员对预报产品的应用能力。

关键词　大雾　细网格　预报

一、引　言

雾是重大灾害性天气之一，对人民生活特别是对交通有非常大的影响，多年来很多研究人员对它的形成机理和预报做了大量的工作，取得长足进步[1~8]。安徽省气象台在 2005 年曾根据我国 T639 等模式产品制作出安徽省大雾预报系统[9]，为预报员在实际工作中提供了一种参考依据。而近年来随着全球气候变化，安徽大雾生成的高峰时间由 05 时推迟到 07 时前后[10]，生成规律的变化使雾的预报更难以把握，在大雾预报的释用方面继续使用低时空密度的数值预报产品，已远不能满足天气预报业务快速发展的需求。同时，到目前为止，国内外还没有一种数值模式可以直接输出雾的预报产品，因此，应用高时空分辨率的数值预报产品，加强对雾预报释用研究，显得极为重要。

利用中央气象台 2011 年 9 月开始向各省气象台试行下发的 ECMWF 细网格($0.25°×0.25°$)资料，对安徽秋冬季大雾天气进行诊断分析，揭示大雾发生和维持的物理机制，在大雾预报释用方面迈出了可喜的一步。安徽省气象台结合安徽省高速公路气象实时观测资料，仅 2011 年 10 月和 11 月两个月内 31 次提前 24 h 或 48 h 预报出大雾天气，27 次发布大雾预警信号，大大提高了大雾预报的准确性和预警信号发布时效。本文主要针对其中一次比较典型的大雾过程进行分析，希望借此提高预报员对于数值预报新产品的重视和利用率。

2011 年 11 月 17 日早晨安徽省出现较大范围的大雾天气，本文主要采用高分辨率 ECMWF 数值预报产品和常规气象资料，对在秋冬季发生的这次大雾过程进行较详细的诊断分析，旨在发现其在大雾预报上的指示意义，在新资料应用上积累一点经验，为提高市县级台站大雾预报准确率提供一定的参考依据,更好地为安徽气象的防灾减灾工作服务。

二、过程和预报概况

图 1 是 2011 年 11 月 16 日 08 时—17 日 08 时安徽省各气象站大雾和安徽省高速公路最低能见度分布图,从图上可见,雾主要出现在 17 日早晨,位于江北西部和沿江东部地区,有 27 个市县能见度不足 1000 m,其中绝大多数为能见度不足 500 m 的浓雾,临泉等地的最低能见度为不足 50 m 的强浓雾,全省其他地区均被不同程度的轻雾笼罩。受大雾天气影响,多条高速公路全线道口封闭,部分道路间断放行,17 日 07 时 50 分左右在G40 沪陕高速和 G42 沪蓉高速公用线往六安方向安徽段一服务区附近发生两起两车追尾交通事故;合肥机场大部分航班受影响。本次大雾天气有一定的预报难度,指导预报和安徽省多种大雾预报方法均没有预报出将有大范围大雾天气发生。但通过对中央气象台向各省气象台试运行下发的 ECMWF 细网格等资料综合分析,安徽省气象台 11 月 16 日上午就在对外发布的所有公众预报中,指出 17 日早晨我省南部有雾的预报,并且在 17 日00 时 20 分发布大雾黄色预警信号:预计 12 h 内淮北西部部分地区和淮河以南部分地区将出现能见度小于 500 m 的浓雾,局部地区能见度小于 200 m。

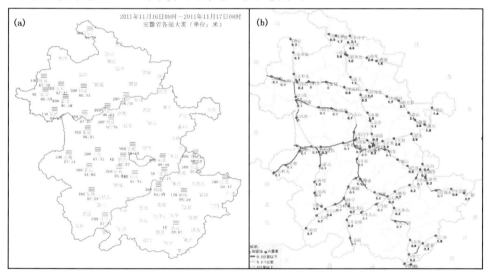

图 1　安徽省 2011 年 11 月 16 日 08 时—17 日 08 时各气象站大雾(a)和高速公路最低能见度(b)

三、大雾发生前天气形势特征

从大尺度天气形势来看,2011 年 11 月 16 日 08 时 500 hPa 高度场上,副高势力较强,588 dgapm 线呈东西带状并西伸到华南沿海地区,西风带低槽和南支槽叠加;700 hPa 高度场上南北向深厚低槽已移到乌兰巴托、吉兰泰、华家岭、康定到香格里拉一线;地面处于高压后部,安徽省西北部上游地区已有大片云雨出现(图略)。由于高低空湿度条件配合不好,因此预报主要考虑 24 h 之内安徽大部分地区将出现弱降水天气,未预报有大雾发生。

四、大雾发生时要素场分析

逆温层的存在提供了稳定的层结条件和有利的温湿条件,对大雾天气的形成和维持起着重要作用。本次大雾过程有显著的逆温层存在,表明逆温层下的水汽不易穿越逆温层向上扩散,有利于水汽的积累;同时这种稳定的层结条件有助于近地层水汽的维持,近地层还存在逆湿层,且湿层较厚,对大雾的发生发展提供有利的水汽条件,更有利于形成雾。

从 11 月 17 日 08 时阜阳站实况探空(图 2a)看到:大雾天气发生时水汽主要集中在近地层,近地面 2 m 高度上空气接近饱和,$T-T_d=1℃$;温度、露点的状态曲线走向一致,都随高度上升,从地面到 986 hPa 的 $T-T_d=1.3℃$,再向上温度和湿度同时下降,即大气在基本饱和情况下形成逆温、逆湿层;地面相对湿度为 92.2%,950 hPa 上为 74.9%,说明近地层湿度较大、湿层较厚,上干下湿的大气结构不会造成高空云量大量增加,有利于形成雾。露点和湿度层结曲线的变化趋势基本一致,都在 900~840 hPa、740~710 hPa 出现逆温(湿)现象。从雾形成条件和过去总结得到,安徽地面风在 1~3 m/s 风速时对雾的形成最有利,因为形成一定强度及一定厚度的辐射雾,仅有辐射冷却还不够,还必须有适度的垂直混合作用相配合,以便形成较厚的冷却层。阜阳站地面风速为 2 m/s,1000 hPa 风速为 4 m/s,在 06 时 59 分出现能见度 990 m 的雾。通过以上分析表明,露点温度层结曲线和湿度层结曲线变化基本一致,同时存在逆温逆湿层可能更有利于雾的形成。

安庆站(图 2b)在这次过程中没有出现雾。从层结曲线看,近地面 $T-T_d=0.8℃$ 也接近饱和,但接近 1000 hPa 处,随高度增加露点温度少变,气温上升,逆温层高度在 960 hPa,其上湿度已较小,$T-T_d=4.4℃$;同时,地面相对湿度为 94.5%,到 960 hPa 上已减小到 71.3%,700 hPa 相对湿度 86.1%,低层湿层薄,而中高层湿度大于低层,中高云的出现不利于辐射降温雾的形成。另外地面为静风,1000 hPa 风速为 2 m/s,静风有利于形成露、霜或浅雾,但不利于形成大雾;空气静力稳定时,垂直混合太弱,不利于形成辐射雾。

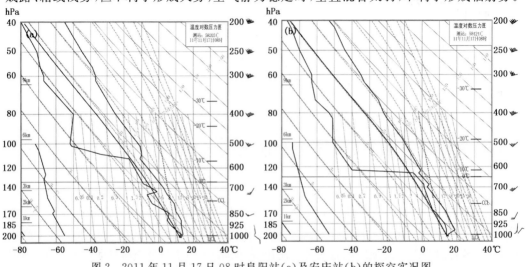

图 2　2011 年 11 月 17 日 08 时阜阳站(a)及安庆站(b)的探空实况图

五、ECMWF 细网格资料的释用

从大环境场分析可知,安徽省处于高空槽前,将有一次降水过程,由于高低空湿度条件配合不好,不会产生明显降水;同时考虑没有冷空气南下,伴有锋面雾可能性不大。但是在 ECMWF 细网格 15 日 20 时的 33～36 h 预报场上,形势场及各种要素都表明,在 17 日 05 时和 08 时将有利于辐射雾生成。

1.云量

ECMWF 细网格预报资料新增的低云量、总云量数值预报产品为预报辐射雾提供了重要的参考依据。从细网格云量预报可知,在 05—08 时总云量与低云量都很少,说明影响系统还未对本地造成有利于降水的条件,这个时段正值安徽省近年雾出现的高发时段,着重分析是否有出现大雾可能性。总云量(图 3a)为零表示辐射降温剧烈,大大加强了地表在夜间辐射冷却量,为辐射雾的形成提供有利条件,有利于大雾的形成;根据总云量与低云量(图 3b)可以得到中高云量,淮北西部出现大雾过程中没有低云量,中高云量也不到 10%,由于中高云量与地面辐射冷却作用相关性小,因此对大雾的形成影响不大。江北东部和江南南部没有雾出现,对应上空总云量 20%～100% 不等,但对应之处都是低云,没有出现雾天。

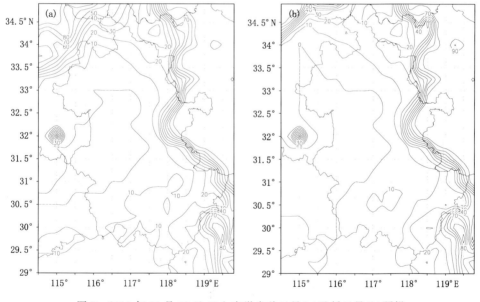

图 3　2011 年 11 月 17 日 05 h 安徽省总云量(a)及低云量(b)预报

2.温度和湿度条件

大雾天气是在一定的温度和湿度条件下形成的,观测 17 日 05 时的逆温层情况发现:安徽省 1000 hPa 以下都有逆温存在;2 m 到 925 hPa 逆温层的范围涵盖了所有能见度小于 1000 m 雾的区域;大雾出现最集中区域与 1000～925 hPa 逆温层对应关系最好,说明逆温越强,越有利于雾的生成(图 4a、b)。

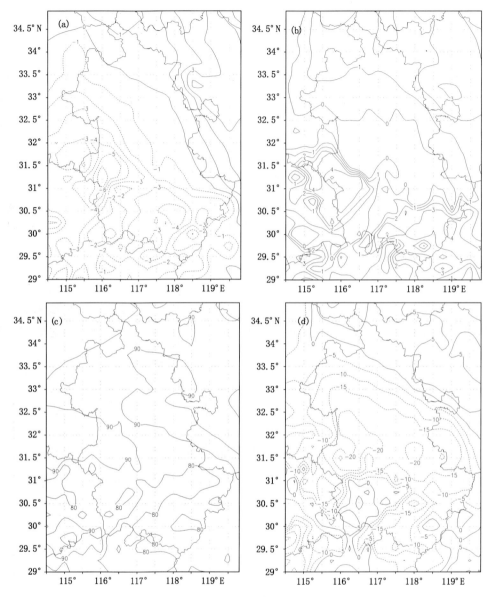

图 4　2011 年 11 月 17 日 05 时预报(a)2 m～925 hPa 温差;(b)1000～925 hPa 温差;
(c)1000 hPa 相对湿度;(d) 925～1000 hPa 相对湿度差

从湿度条件上来看,出现大雾天气的区域地面 2 m 高度上的温度露点差都基本饱和或接近饱和,近地层 1000 hPa 相对湿度都在 80% 以上(图 4c)。比较分析各层湿度的变化可看到,925 hPa 与 1000 hPa 相对湿度差(图 4d)与雾出现范围对应较好:相对湿度差大于 10% 的范围基本包含了所有能见度小于 1000 m 雾的区域;大雾出现最集中区域与相对湿度差大于 16% 相关关系好。沿江西部相对湿度随高度增加或基本没有变化,说明湿层厚,往往低云量较多,即使没有太多的云,也会大大影响辐射降温量,因此不利于雾的形成。由此可知,由地面到 1000 hPa 相对湿度达到饱和或接近饱和,就满足雾形成的湿度条件,再向上 1000～925 hPa,若垂直方向相对湿度明显减少,形成上干下湿,递减速率越大的区域越容易出现大雾。

3.风速条件

据统计,安徽省出现大雾的站点其风速有 96.6% 在 1～3 m/s,从 ECMWF 细网格预报可看到,17 日 05 时(图略)和 17 日 08 时(图 5)对应大雾发生地区低层 10 m 高度风力都较小,近地层较弱的风力产生的一定湍流作用使雾的范围扩大到一定厚度,又不至于使水汽输送到别处,造成大雾持续发展。而在没有出现大雾的地区,江北东部风速偏大(4 m/s)、沿江西部和江南南部风速太小,不少地方为静风,难以满足雾的生成条件,对应之处能见度均未达到 1000 m 以下。

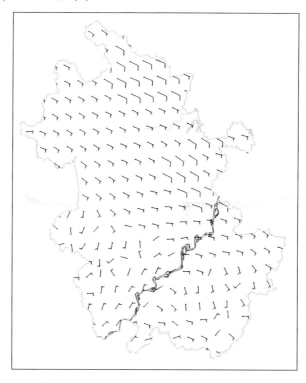

图 5　2011 年 11 月 17 日 08 时 10 m 的高度风预报

六、小　结

(1)ECMWF 细网格数值预报产品为本次大雾过程成功预报提供了重要的预报依据。预报大雾发生时段具有辐射雾生成的有利条件:云量少;2 m 到 925 hPa 逆温层的范围涵盖了所有能见度≤1000 m 雾的区域;由地面到 1000 hPa 相对湿度达到饱和或接近饱和,就满足形成雾的湿度条件,再向上 1000～925 hPa,若垂直方向相对湿度明显减小,形成上干下湿,递减速率越大的区域越容易出现大雾。风速≥4 m/s 和静风区,均没有雾生成。

(2)细网格数值预报产品弥补了时空分辨率不足的缺陷,使预报员对系统发生、发展的不同阶段有更清楚的认识,防止或减少雾灾天气的漏报,提高了预报员对数值预报产品的应用能力。

(3)细网格 10 m 高度上的风、低层温度垂直分布、近低层湿度分布、云量和总云量等要素预报,对辐射雾及大雾分布区预报有较好的指示意义,对提高精细化预报准确率有较大帮助。

参考文献

[1] 石林平,迟秀兰.华北平原大雾分析和预报[J].气象,1995,**21**(5):45-47.

[2] 赵玉广,李江波,康锡言.用 PP 方法做河北省雾的分县预报[J].气象,2004,**30**(6):45-47.

[3] 何立富,陈涛,毛卫星.华北平原一次持续性大雾过程的成因分析[J].热带气象学报,2006,(4):340-350.

[4] 何文平.西南气象干旱持续中东部地区大雾频发——2009 年 12 月[J].气象,2010,**36**(3):140-141.

[5] 田华,王亚伟.京津塘高速公路雾气候特征与气象条件分析[J].气象,2008,**34**(1):66-71.

[6] 吴彬贵,解以扬,吴丹朱,等.京津塘高速公路秋冬雾气象要素与环流特征[J].气象,2010,**36**(6):21-28.

[7] 张飙,冯建设.济青高速公路大雾大气气候特征及其影响[J].气象,2003,**31**(2):70-73.

[8] 张艳,红欧博,孙晓光.大雾天气高速公路交通事故成因分析及解决措施[J].中国科技信息,2008,**19**:294-297.

[9] 陈晓红,方翀.安徽省县级大雾预报业务系统[J].气象,2005,**31**(4):27.

[10] 陈晓红,严小静,周扬帆,等.2010 年安徽省高速公路一次连续性大雾初探[C].天气预报技术文集(2011)[M].北京.气象出版社,2011:289.

Application of Refined Net Numerical Forecast Data in Fog Forecasting

CHEN Xiaohong　　ZHU Jianing　　ZHOU Yangfan

(*Anhui Meteorological Observatory, Hefei　230031*)

Abstract

This article applies ECMWF refined net numerical forecast data ($0.25° \times 0.25°$) from NMC in September 2011 and regular data to dense fog forecasting in Anhui in autumn and winter, in order to explain the occurrence and the maintaining of dense fog. Therefore, we can understand the meaning of the ECMWF refined net numerical forecast data for dense fog forecasting and raise accuracy rate of dense fog forecasting. The analysis indicates that when the temperature lamination curve and the humidity lamination curve are parallel, the dense fog can easily occur. The 10m wind, the low-level temperature lamination, the humidity distribution near the surface, cloud cover, etc., are very useful for radiation fog forecasting. ECMWF refined net numerical forecast data make up the spatial and temporal distribution, which let the forecasters understand the occurrence and the development of the weather system clearer, thus it can raise the accuracy rate of disastrous weather forecasting and correction ability of weather forecast products for forecasters.

典型天气条件下颗粒物质量浓度分布特征分析

吴　珂[1]　汪　婷[1]　周慧敏[2]

(1 昆山市气象局　昆山　215337;2 吴江市气象局　吴江　215200)

提　要

本文利用 2011 年 7 月—2012 年 6 月昆山市气象局大气成分站采集的 PM_{10}、$PM_{2.5}$、$PM_{1.0}$ 数据分析了昆山市大气污染状况,结果表明:观测期间 PM_{10}、$PM_{2.5}$、$PM_{1.0}$ 日均浓度均值分别为 107.6 $\mu g \cdot m^{-3}$、60.1 $\mu g \cdot m^{-3}$ 及 46.8 $\mu g \cdot m^{-3}$;观测期间 PM_{10}、$PM_{2.5}$ 总体分布规律均为:雾霾混合过程＞霾＞雾＞平均值＞降水;$PM_{1.0}$ 总体分布规律均为:雾霾混合过程＞霾＞平均值＞雾＞降水。雾时颗粒物中细粒子含量较少,总体污染程度并不严重;雾霾混合过程时霾粒子吸湿膨胀,但湿度远未达饱和,霾粒子无法增长转化成雾滴,因此雾霾混合过程只能说是由吸湿膨胀的霾粒子及雾滴共同作用所造成的;有一定量级的降水能对空气中灰尘和粉尘等悬浮污染物起到冲刷作用。

关键词　颗粒物　霾　雾

一、引　言

目前城市雾霾天气已愈来愈受到人们的广泛关注,沙尘天气、工业排放、交通废气等人为颗粒物排放量不断增加,对雾霾天气的产生起到重要作用[1]。有时雾、霾交替影响,影响范围更大,持续时间更长,对人民生活和健康带来极大危害。如 2007 年 12 月 24 日,北京的雾天在 25 日下午演变成了霾天[2]。2009 年 11 月 27 日,南昌出现雾天气,可是中午过后天空由之前的乳白色转为黄色,形成了霾天气,到了夜晚又演变为雾天气[3]。近地层大气中每时每刻总是有霾粒子存在(当然要达到形成天气现象"霾"需要粒子浓度累计到一定水平导致能见度下降到 10 km 以下),而雾滴的存在是少见或罕见的[4],在雾日数的增加中,有些实际上是低能见度天气增加,空气中的悬浮颗粒物增加,人们认为的雾日,其实很多在气象上称为霾[5]。许多研究结果[6~8]均表明,城市能见度的降低多数是由细颗粒物引起的,董雪玲[9]也认为,大气的散射效应主要同细颗粒物有关,$PM_{2.5}$ 与大气能见度线性相关系数高达 0.96,即 $PM_{2.5}$ 的污染水平与灰霾的形成直接相关。而降水则能使大气中的颗粒物和气态污染物随着冲刷过程溶入水中,对粗细粒子都有清除作用[10]。

昆山市大气成分观测站于 2010 年 5 月投入业务运行,对颗粒物 PM_{10}、$PM_{2.5}$、$PM_{1.0}$ 进行连续在线观测。在实际观测中发现,在雾、霾、降水等典型天气条件下颗粒物质量浓度分布存在明显差异。本文选取 2011 年 7 月—2012 年 6 月昆山市大气成分站颗粒物观测数据,对该段时间内昆山大气污染程度及典型天气条件下颗粒物质量浓度分布特征进行分析研究,初步探讨了几种天气条件下大气污染结构,以期为昆山大气污染治理提供科学依据。

二、资料与方法

PM$_{10}$、PM$_{2.5}$、PM$_{1.0}$浓度观测每 5 min 记录一次,剔出错误数据后作逐时平均。PM$_{10}$及 PM$_{2.5}$浓度限值分别采用 2012 年 2 月 29 日环保部发布的《环境空气质量标准》(GB3015－2012)中二级标准日均限值 150 $\mu g \cdot m^{-3}$及 75 $\mu g \cdot m^{-3}$。能见度采用 CJY－1A 型前向散射能见度仪采集的逐时数据。相对湿度采用昆山市地面气象观测站六要素自动站数据。

由于《霾(灰霾)的观测和预报等级》(QX/T 113—2010)中对雾和霾判别在相对湿度处于 80%～95%区间未予明确规定,因此本文采用吴兑提出的相对湿度阈值 90%作为区分轻雾(雾)与霾的辅助判据[11]。即采用逐时实测值,当能见度低于 10 km,相对湿度小于 90%,同时排除降水、吹雪、雪暴、扬沙、沙尘暴、浮尘和烟幕等天气现象即定为一个霾时次。一天中出现 1 个及以上霾时次,该天即为霾日。而雾前后是否有霾存在,其大气颗粒物浓度分布有很大不同,为区别研究,本文定义:若雾前后出现过霾,则此过程为雾霾混合过程。

三、结果与分析

1.2011 年 7 月－2012 年 6 月昆山市颗粒物污染状况

观测期间 PM$_{10}$、PM$_{2.5}$、PM$_{1.0}$的日均浓度均值分别为 107.6 $\mu g \cdot m^{-3}$、60.1 $\mu g \cdot m^{-3}$及 46.8 $\mu g \cdot m^{-3}$;观测期间 PM$_{10}$共超标 65 天,超标率 17.8%,PM$_{2.5}$超标 101 天,超标率 27.7%;PM$_{10}$最大值出现在 2012 年 6 月 9 日,达 359.1 $\mu g \cdot m^{-3}$,超标了 1.4 倍,PM$_{2.5}$最大值出现在 2011 年 11 月 13 日,达 215.9 $\mu g \cdot m^{-3}$,超标了 1.9 倍(表1),PM$_{1.0}$最大值同样也出现在 2011 年 11 月 13 日。总体来说 11 月至翌年 2 月为昆山颗粒物超标最严重时段,PM$_{2.5}$超标天数共有 52 天,占 PM$_{2.5}$全年超标天数的一半。这是由于冬季大气环流稳定,昆山多受下沉气流控制,大气颗粒物难以扩散易积聚,主要以本地排放的污染物为主,颗粒物中细粒子所占比重较大。

表1　2011 年 7 月－2012 年 6 月昆山市 PM$_{10}$、PM$_{2.5}$、PM$_{1.0}$日均浓度值统计特征

颗粒物	样本数 (天)	平均值 ($\mu g \cdot m^{-3}$)	超标天数 (天)	超标率 (%)	最大值 ($\mu g \cdot m^{-3}$)	最大超标倍数
PM$_{10}$	365	107.6	65	17.8	359.1	1.4
PM$_{2.5}$	365	60.1	101	27.7	215.9	1.9
PM$_{1.0}$	358	46.8	—	—	158.2	—

2.典型天气条件下颗粒物质量浓度分布情况

在自然界中的一定条件下,雾、霾天气是可以转化的[1],当相对湿度增加超过 100%,霾粒子吸附析出的液态水成为雾滴,相对湿度降低时,雾滴脱水又变成霾粒子。

2011 年 7 月－2012 年 6 月,昆山出现霾 82 天共计 1324 个时次,雨日(12 h 降水量≥1.0 mm)101 天,共计 1617 个时次,雾日 10 天,共计 57 个时次,雾霾混合过程 7 天,共计

55 个时次。表 2 统计了这 4 种不同天气条件下颗粒物质量浓度小时均值分布特征,可见雾霾混合过程及霾的 PM_{10}、$PM_{2.5}$、$PM_{1.0}$ 浓度小时均值要远大于平均值,雾时次接近平均值,而降水时次则明显小于平均值。PM_{10}、$PM_{2.5}$ 总体分布规律均为:雾霾混合过程>霾>雾>平均值>降水;$PM_{1.0}$ 总体分布规律为:雾霾混合过程>霾>平均值>雾>降水;$PM_{2.5}/PM_{10}$ 分布规律为:雾霾混合过程>霾>降水>平均值>雾;$PM_{1.0}/PM_{2.5}$ 分布规律为:霾>平均值>雾霾混合过程>雾>降水。

表 2 不同天气状况时颗粒物质量浓度小时均值分布特征

颗粒物	平均值 ($\mu g \cdot m^{-3}$)	雾 ($\mu g \cdot m^{-3}$)	雾霾混合过程 ($\mu g \cdot m^{-3}$)	霾 ($\mu g \cdot m^{-3}$)	降水 ($\mu g \cdot m^{-3}$)
PM_{10}	107.6	112.8	242.2	188.7	87.4
$PM_{2.5}$	60.1	61.8	152.1	115.6	51.6
$PM_{1.0}$	46.8	43.3	110.3	101.8	35.4
$PM_{2.5}/PM_{10}$	55.9%	54.8%	62.8%	61.3%	59.0%
$PM_{1.0}/PM_{2.5}$	77.9%	70.1%	72.5%	88.1%	68.6%

3.霾天气下颗粒物状况

霾出现往往是长时间持续晴好天气,大气稳定,空气干燥,静风或小风,且低层基本都存在逆温层,大气水平和垂直输送都很弱,导致近地层灰尘、汽车尾气等污染物难以扩散稀释,颗粒物浓度增大。而人类活动排放的很大一部分是细粒子,粒径小于 2.5 μm 的粒子的消光作用远大于粒径在 2.5 μm 以上的粒子,可以看到霾时可吸入颗粒物中有 61.3% 是 $PM_{2.5}$ 以下的细粒子颗粒物,而 $PM_{2.5}$ 中 $PM_{1.0}$ 占比更高达 88.1%,可见霾的本质就是细颗粒物。

从颗粒物 PM_{10} 及 $PM_{2.5}$ 超标天数和霾日数逐月分布图来看,超标天数与霾日数并不完全吻合(图 1)。相比较而言,$PM_{2.5}$ 的超标天数与霾日数的月变化趋势更接近些。无霾日也存在少数 PM_{10} 及 $PM_{2.5}$ 超标的情况。在 PM_{10} 超标、$PM_{2.5}$ 超标或两者同时超标的情况下,出现霾的概率分别为 64.7%、56.7%、78.2%,可见当颗粒物超标时出现霾的可能性很大。

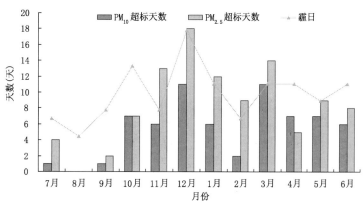

图 1 2011 年 7 月—2012 年 6 月昆山市颗粒物超标天数及霾日数月分布图

以逐小时霾与颗粒物浓度资料分析,随着霾等级的逐步增加,颗粒物浓度也出现明显上升趋势。无霾时,PM_{10}、$PM_{2.5}$ 及 $PM_{1.0}$ 的平均浓度分别为 $97.6\ \mu g \cdot m^{-3}$、$58.2\ \mu g \cdot m^{-3}$ 及 $44.5\ \mu g \cdot m^{-3}$,出现轻度霾时,颗粒物平均浓度上升到 $163.2\ \mu g \cdot m^{-3}$ 和 $98.9\ \mu g \cdot m^{-3}$ 及 $86.6\ \mu g \cdot m^{-3}$。细颗粒物浓度迅速上升,尤其是 $PM_{1.0}$,浓度将近增加一倍。到重度霾时 PM_{10}、$PM_{2.5}$ 及 $PM_{1.0}$ 的平均浓度已分别上升到 $204.3\ \mu g \cdot m^{-3}$、$126.9\ \mu g \cdot m^{-3}$ 及 $113.5\ \mu g \cdot m^{-3}$。同时可发现,随着霾等级的加重,$PM_{2.5}$ 在 PM_{10} 中所占的比重也同步上升,从无霾时的 59.6% 上升到重度霾时的 62.1%,$PM_{1.0}$ 在 $PM_{2.5}$ 中的占比也从无霾时的 76.5% 上升到重度霾时的 89.4%。这表明颗粒物浓度变化与霾的形成和等级变化有较好的相关性,细粒子浓度增加对重度霾贡献更大。

4.雾天气下颗粒物状况

(1)雾

雾的出现有着与霾类似的天气条件,风速小,常常有逆温层存在。昆山地区的雾一般是由于夜间大气辐射降温而导致液态水析出的辐射雾,或者是由于降雨而造成空气中有大量小水滴存在,通常称之为水雾。

2011 年 11 月 3 日凌晨,昆山出现能见度低于 1 km 的雾天气,其前后未出现霾。雾从 3 日凌晨 01:00 时持续到早晨 06:00 时,整个过程中 PM_{10}、$PM_{2.5}$、$PM_{1.0}$ 变化规律基本一致。雾出现前 PM_{10} 浓度维持在 $100\ \mu g \cdot m^{-3}$ 左右,相对湿度在 95% 左右,随着湿度的不断上升,PM_{10} 出现上升,于 02:00 达到峰值 $127.3\ \mu g \cdot m^{-3}$,$PM_{2.5}$ 和 $PM_{1.0}$ 的峰值也分别达到 $61.8\ \mu g \cdot m^{-3}$ 和 $35.5\ \mu g \cdot m^{-3}$。从图2可以看出,当出现雾天气时,只有 PM_{10} 出现了小幅升高,而 $PM_{2.5}$ 及 $PM_{1.0}$ 的变化并不明显,总体来说空气中颗粒物的污染程度并不是十分严重。雾期间相对湿度均保持在 98% 以上。06:00 以后,随着相对湿度的降低,颗粒物浓度也出现了下降,雾消散,08:00 时 PM_{10} 已下降到 $70\ \mu g \cdot m^{-3}$ 以下。雾过程中,$PM_{2.5}/PM_{10}$ 只有 45.2%,$PM_{1.0}/PM_{2.5}$ 只有 57.8%,可见可吸入颗粒物中细粒子比重要远低于霾时次。

雾出现时相对湿度需要达到饱和(或者接近 100%)[1],在观测期间统计到的 10 次雾过程中相对湿度峰值都达到 98% 以上,而雾滴直径大多在 $4\sim30\ \mu m$[4],因此出现雾时,颗粒物中细粒子含量较少,总体污染程度并不严重。

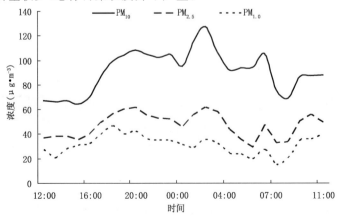

图2　2011 年 11 月 2 日 12:00—3 日 11:00 雾过程中不同粒径颗粒物质量浓度变化曲线

（2）雾霾混合过程

雾霾混合过程比较特殊，即出现雾前后有霾存在。2011 年 11 月 10 日开始，昆山出现持续霾天气，13 日夜里至 14 日凌晨，昆山出现雾天气，最低能见度不足 500 m（浓雾），早晨随着湿度的逐步下降，能见度有所上升但仍维持在 2 km 以下，雾又演变成霾。

结合此次雾霾混合过程个例来具体分析雾霾混合过程期间其颗粒物浓度变化特征。13 日 20：00 前，相对湿度一直低于 80%，能见度低于 10 km，有霾存在，大气中颗粒物尤其是细颗粒物浓度非常高（图 3）。20：00 时相对湿度达到 80%，并继续上升，细颗粒物浓度也随之快速上升。23：00 时相对湿度只达到 89%，人工记录已出现雾，同时颗粒物浓度也达到了顶峰，PM_{10}、$PM_{2.5}$ 及 $PM_{1.0}$ 的峰值数据分别为 625.9 $\mu g \cdot m^{-3}$、434.8 $\mu g \cdot m^{-3}$ 及 327.7 $\mu g \cdot m^{-3}$。随着空气湿度的上升，部分霾粒子吸湿膨胀，使得粒子半径增大，导致 $PM_{2.5}$ 中 $PM_{1.0}$ 的比例有明显下降，甚至低于平均值，而 PM_{10} 中 $PM_{2.5}$ 的比例却出现上升，达 69.4%，甚至超过霾时次。但细小霾粒子是否通过吸湿而转换为雾滴呢？有研究指出，"霾滴要想通过吸湿增长成为雾滴，必须有足够的过饱和度，能够越过过饱和驼峰才行，这在自然界并不容易。"[12] 也就是说，在非饱和状态下，由于粒子曲率作用，细小霾粒子吸湿膨胀也不可能成为雾滴，而只是增大了的霾滴。在观测到的几次雾霾混合过程中，此次相对湿度峰值只有 94%，另外几次也不超过 97%，远未达到饱和度，细粒子不可能吸附空气中析出的液态水成为雾滴，因此雾霾混合过程只能说是由吸湿膨胀的霾粒子及雾滴共同作用所造成。此次雾霾混合过程时 PM_{10}、$PM_{2.5}$ 及 $PM_{1.0}$ 小时均值分别高达 382.9 $\mu g \cdot m^{-3}$、251.5 $\mu g \cdot m^{-3}$ 及 185.9 $\mu g \cdot m^{-3}$，可见雾霾混合过程天气时颗粒物浓度要远远大于其他天气状况，空气污染程度非常严重，对人体健康造成很大危害。

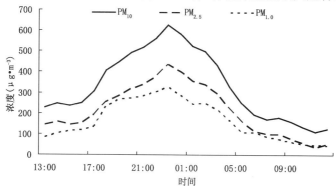

图 3　2011 年 11 月 13 日 13：00—14 日 12：00 雾霾混合过程中不同粒径颗粒物质量浓度变化曲线

5. 降水天气条件下颗粒物状况

降水能对空气中灰尘和粉尘等悬浮污染物起冲刷作用，因此颗粒物质量浓度为 4 种天气状况下最低的。2012 年 5 月 29 日 23：00 至 30 日 15：00 出现一次中等强度降水过程，过程雨量 24.4 mm。由图 4 可见，降水前大气颗粒物质量浓度较高，PM_{10} 质量浓度在 18：00 达到 219.2 $\mu g \cdot m^{-3}$，23：00 时降水开始后，PM_{10} 质量浓度出现迅速下降，降水对大气中悬浮颗粒物的冲刷作用开始显现。至 30 日 04：00 时，PM_{10} 质量浓度已下降到 78.0 $\mu g \cdot m^{-3}$。而 $PM_{2.5}$ 及 $PM_{1.0}$ 的质量浓度变化趋势与 PM_{10} 基本一致，在降水出现之后，两者的质量浓度均出现了明显下降，说明降水对大气中各等级粒径颗粒物均具有清除作用。

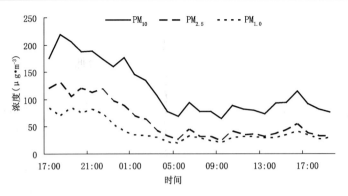

图4 2012年5月29日17:00—30日19:00降水过程中不同粒径颗粒物质量浓度变化曲线

本文只考虑了12 h降水量≥1.0 mm的过程,因为过弱的降水只能使空气增湿,而并不能够达到冲刷效果使空气中颗粒物和气态污染物溶入降水而清除。例如,近几年雨量偏少的梅雨期间,在潮湿闷热天气里,空气对流条件差,大量的水汽充斥在城市近地面,并不利于空气中污染物的扩散,当雨水有停歇而风力又不大时,霾反而更容易出现。不同的降水量,不同的降水形式,包括是否有雷暴等对于大气颗粒物的清除作用有何差异,这还需要进一步的研究分析。

四、结论与讨论

(1)观测期间 PM_{10}、$PM_{2.5}$、$PM_{1.0}$ 日均浓度均值分别为 $107.6\ \mu g \cdot m^{-3}$、$60.1\ \mu g \cdot m^{-3}$ 及 $46.8\ \mu g \cdot m^{-3}$;11月至翌年2月为昆山颗粒物超标最严重时段。

(2)观测期间 PM_{10}、$PM_{2.5}$ 总体分布规律均为:雾霾混合过程＞霾＞雾＞平均值＞降水;$PM_{1.0}$ 总体分布规律均为:雾霾混合过程＞霾＞平均值＞雾＞降水。

(3)$PM_{2.5}$ 超标天数与霾日数的月变化趋势更接近些;随着霾等级的加重,颗粒物浓度大幅提升,且细粒子在颗粒物中占比也同步上升。

(4)出现雾时颗粒物中细粒子含量较少,总体污染程度并不严重;雾霾混合过程前颗粒物浓度较高,随着湿度上升,霾粒子吸湿膨胀,但湿度远未达饱和,霾粒子无法增长转化成雾滴,因此雾霾混合过程只能说由吸湿膨胀的霾粒子及雾滴共同作用所造成,其污染程度远高于任何一种天气状况。

(5)有一定量级的降水能对空气中灰尘和粉尘等悬浮污染物起冲刷作用,因此空气质量相对最好。

本工作得到"苏州市气象局自立课题《昆山灰霾与大气颗粒物相关性研究》(SZ201108)"的资助。

参考文献

[1] 吴兑,吴晓京,朱小祥.雾和霾[M].北京:气象出版社,2009:1-2.

[2] 张朝华.一周北京天气趋势预报[EB/OL].(2007-12-24)[2011-05-26]. http://news. xinhuanet. com/weather/2007-12/24/content_7284947. htm.

[3] 黄薇.雾霾交织南昌昨日灰蒙蒙[EB/OL].(2009-11-29)[2011-05-26]. http://www. weather. com. cn/static/html/acticle/20090118/22330. shtml.

[4] 吴兑.再论都市霾与雾的区别[J].气象,2006,32(4):9-15.

[5] 宋润田,孙俊廉.冷雾的边界层层结特征[J].气象,2000,26(1):43-50.

[6] 宋宇,唐孝炎,方晨等.北京市能见度下降与颗粒物污染的关系[J].环境科学学报,2003,23(4):468-471.

[7] 张新玲,张利民,李子华.南京市可吸入颗粒物数浓度变化及尺度分布[J].江苏环境科技,2003,16(4):33-34.

[8] 吴兑,邓雪娇,毕雪岩,等.细粒子污染形成灰霾天气导致广州地区能见度下降[J].热带气象学报,2007,23(1):1-6.

[9] 董雪玲.大气可吸入颗粒物对环境和人体健康的危害[J].资源产业,2004,6(5):50-53.

[10] 黄鹤,蔡子颖,韩素芹,等.天津市 PM_{10},$PM_{2.5}$ 和 $PM_{1.0}$ 连续在线观测分析[J].环境科学研究,2011,24(8):897-903.

[11] 吴兑.霾与雾的识别和资料分析处理[J].环境化学,2008,27(3):327-330.

[12] 吴兑.大城市区域霾与雾的区别和灰霾天气预警信号发布[J].环境科学与技术,2008,31(9):1-7.

The Distribution Characteristics of PM Concentration during Different Weather Condition

WU Ke[1]   *WANG Ting*[1]   *ZHOU Huiming*[2]

(1 *Kunshan Meteorological office of Jiangsu Province*, *Kunshan* 215337;
2 *Wujiang Meteorological office of Jiangsu Province*, *Wujiang* 215200)

Abstract

Data of PM_{10}, $PM_{2.5}$ and $PM_{1.0}$ collected from Atmospheric Composition Station in Kunshan Meteorological Office between July 2011 and June 2012 were used here to analyze air pollution. Results show that during observation, daily average concentration of PM_{10}, $PM_{2.5}$ and $PM_{1.0}$ were 107.6 $\mu g \cdot m^{-3}$, 60.1 $\mu g \cdot m^{-3}$ and 46.8 $\mu g \cdot m^{-3}$, respectively. The distribution characteristics of PM_{10}, $PM_{2.5}$ in the mass were Haze>Dust-Haze>Pure Fog>AVG>Rainfall, and characteristics of $PM_{1.0}$ was Haze>Dust-Haze>AVG>Pure Fog>Rainfall. Proportion of fine particle in all PM during fog was lesser, and the pollution was not serious. During Dust-Haze, the haze particle expanded after moisture absorption, but the humidity was far from saturated, therefore, the haze particle could not change to fog drops. The process of Dust-Haze was caused by expanded haze particle and fog drops. Rainfall to a certain level could play a role in washing out dust and ash in air.

V-3θ 在一次连续性强对流天气过程中的应用分析

官晓东　　刘　玉

（福建省三明市气象局　三明　365000）

提　要

运用对 V-3θ 结构分析方法,并结合天气图对三明市 2012 年 4 月 10—15 日连续性冰雹天气过程进行分析。高空南支槽频繁东移和福建上空大气低层辐合区的维持,是造成此次连续性冰雹天气的原因之一。在对三明市 10—13 日各时次的 V-3θ 图的对比分析发现,超低温、垂直风场上的顺滚流特征明显。相对 V-3θ 图暴雨过程的特征,冰雹天气中大气高低层的温差更大,说明大气层结不稳定能量较大,对流发展旺盛。利用 V-3θ 图在冰雹天气上过程的特征,对 14 日和 15 日强对流天气作出预测,取得较好效果。

关键词　冰雹　天气学　V-3θ　预测　强对流天气

一、引　言

冰雹作为强对流天气中的一种,因其具有突发性、区域性、强度强、预报难度大等特点,一直受到许多专家学者的密切关注。经过多年的研究,在对冰雹的预报预警方面运用了不同的气象资料,提出了许多有效的指标、预报方法和监测方法,如通过多普勒雷达观测"V"形缺口、钩状回波、有界弱回波区、三体散射、穿窿等特征[1,2];通过风廓线雷达的垂直速度和温度分析强对流天气[3,4];通过风暴的螺旋度分析动力机制[5];通过分析 0℃ 层高度、−20℃ 层高度、沙氏指数、湿对流有效位能、K 指数等各种指标来判断强对流天气是否发生[6];通过遥感监测强对流天气的演变[7]。经过多年的预报实践,欧阳首承针对气象问题提出的"V-3θ 图"在天气预报中取得了较好的效果,使得强对流天气具有可识别性、可预见性[8],在对冰雹天气预报方面"V-3θ 图"具有一定的预报能力[9,10],由于三明市地处福建内陆,地形多以丘陵为主,预报的不确定因素较多,对强对流天气的预报尤为困难,为了提高类似丘陵等多山地区在强对流天气中的预报准确率,本文将利用 V-3θ 图在强对流天气分析中的应用方法,对三明市一次连续性冰雹天气进行分析,寻找此类强对流天气预报的一些线索。

2012 年 4 月 10 日夜间至 15 日凌晨,三明市出现了一系列的强对流天气,10—12 日、14—15 日 9 个县(市、区)出现了不同程度的冰雹天气(图 1),降雹时段分别为 10 日夜间至 11 日 01 时左右,11 日 13—17 时,12 日 14—18 时,14 日 17—18 时,15 日 02—03 时。其中,有气象记录的出现冰雹直径 10 mm 及其以上的有 5 个乡镇,受灾最严重的尤溪县,11 日 14 时 09 分出现了直径 30 mm 的冰雹和局地短时风速超过 36 m/s 的大风等强对流天气,测得冰雹堆积厚度达 10～15 cm。此次连续性大范围的冰雹天气过程在三明市气象记录中是少有的。

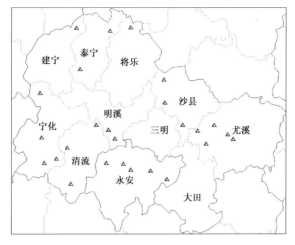

图1 2012年4月10—12日、14—15日三明市冰雹落区分布图

二、天气背景分析

出现冰雹的 5 天中(2012 年 4 月 10—12 日、14—15 日)500 hPa 高空图上,中亚上空始终有一高压脊的存在,我国东北以北、贝加尔湖以东的上空有一深厚的低涡存在,这使得低槽能够长时间维持在我国东部,持续的冷空气输送从中西伯利亚到蒙古国,再经我国中部不断南下影响华东、华南地区。经观察,在出现冰雹的 5 天中我国西北部地区不断有低槽沿西风带经我国中部向东移动,每次低槽东移都会加速冷空气的南下。850 hPa 图上广西、广东、福建上空均有西南急流分布,切变线在江西中南部至福建西北部地区南北摆动,高层冷空气的南下与低层的西南急流在华东上空汇合,是该地区陆续出现冰雹、大风等短时强对流天气的主要原因之一。

三、V-3θ 简介

V-3θ 图是欧阳首承根据溃变理论,尽可能利用现有资料的真实信息设计的分析工具,主要是以结构方式揭示非规则信息的结构特征及其作用。V-3θ 图由 5 个气象要素组成,分别为 P(气压)、$\vec{V}$(探空资料的风矢量)、θ(位温)、θ_{sed}(以露点温度计算的假相当位温)、θ^*(饱和状态下的假相当位温),后面 3 个物理量通过探空资料计算得到,随高度的变化得出 3 条曲线,当 θ_{sed},θ^* 向左倾(中低层大气与 T 轴的交角大于 70°～80°)或垂直于 T 轴,即随 P 减小或不变时,气层处于不稳定状态,反之则为稳定状态,预报时用于判断大气的热力不稳定状态和水汽条件。$\vec{V}$ 被设置在 θ^* 线上,3θ 与 P 构成在垂直方向上的 P－T 坐标三线图,即为所在测站的垂直剖面图[12]。

V-3θ 图的含义与传统气象学中的 $T-\ln P$ 图的使用信息和用法有显著的区别。其一是 V-3θ 图以探空资料的特性层信息为基本信息;其二是所使用的资料范围是由地面扩展到 100 hPa,并包括了超低温在内的所有非规则信息;其三是该方法启用了"滚流"概念,即横向的水平涡流,而不限于水平天气图的仅突出垂直方向的涡旋[14]。

四、强对流天气中 V-3θ 特征

剧烈的灾害性天气发生前在 V-3θ 图上的特征明显。冰雹等强对流天气在 $V-3\theta$ 图上有较为清晰的结构特征,主要体现在[10~13]:(1)强烈的非均匀结构。θ 线出现近乎垂直于 T 轴或与 T 轴成钝角,θ_{sed} 和 θ^* 与 T 轴成较大角度的钝角(暴雨天气为准直角),描述了大气垂直方向的不稳定状态,水汽的分布也呈现强烈的非均匀,θ_{sed} 和 θ^* 围成的面积有明显的中间湿度大、上下湿度小的"蜂腰"或上干下湿的"大肚子"图像特征;(2)对流层中上层存在超低温现象。超低温结构是指在 300~100 hPa 之间 θ 值偏低的现象(即 θ 线向左折),预报时用于判断高空大气结构是否有利深对流发展;(3)垂直风上有顺滚流。"顺滚流"为不连续指数或称为切变指数,反映测站上空整体滚流性质和预测转折性变化,可以理解为:北半球中、低层大气(700 hPa 以下)为偏南风(包括西南、东南风)或临近海洋的东风,高层大气(500 hPa 以上)为西到西北风,代表了冷空气来袭时大气低层到高层的风场配置[12]。

五、V-3θ 图的实例分析

由于三明市没有设立探空站,其地理位置位于福建内陆地区并紧邻江西省,因此选择离三明最近的 3 个探空站作为此次分析的资料来源,3 个探空站分别为:赣州探空站、邵武探空站、龙岩探空站。三明市位于邵武探空站至龙岩探空站的中心,因为福建在 4 月时处于西风带上,因此赣州、龙岩位于三明市的上游,在分析三明市的强对流天气方面,这 3 个探空站具有很好的应用价值。

4 月 10 日 08 时,500 hPa 高空槽位于华中上空,福建上空未出现急流,850 hPa 西南急流位于江西北部。V-3θ 图上(图 2),赣州探空站 θ 与 T 轴的角度在 600~700 hPa、400~300 hPa 上出现了左倾现象,说明该层大气上有冷平流出现,θ_{sed} 线与 θ^* 线围成了"蜂腰"结构,说明近地面层和 600 hPa 附近层上 θ_{sed} 线与 θ^* 线较接近,差值小,水汽条件较好,其余高度层上为干层。风场上,从 925 hPa 上的西南风(风速 8 m/s)逐渐转变成 250 hPa 上的西南偏西风(风速 40 m/s),说明垂直风上有顺滚流。邵武探空站和龙岩探空站 θ 与 T 的角度在 600~700 hPa 上出现左倾现象,θ_{sed} 线与 θ^* 线在 700 hPa 以下开始出现湿层,700 hPa 以上为干层,为明显的"大肚子"结构,垂直风场上出现了明显的顺滚流。但是三个探空站并未出现 θ_{sed} 和 θ^* 与 T 轴成较大角度的钝角的特征。超低温现象也只出现在龙岩探空站 150~200 hPa 上。

4 月 10 日 20 时,500 hPa 高空槽东移至河南、湖北上空,福建上空的 4 个探空站上出现急流,850 hPa 西南急流由江西向福建内陆扩大。V-3θ 图上(图 2,图 3),通过观察 1000 hPa 和 300 hPa 上对应的位温发现,10 日 08 时赣州探空站为 17℃和 62℃,邵武探空站为 18℃和 62℃,龙岩探空站为 20℃和 64℃;10 日 20 时赣州探空站为 28℃和 64℃,邵武探空站为 23℃和 63℃,龙岩探空站为 28℃和 64℃,说明在固定高度层之间 10 日 20 时比 10

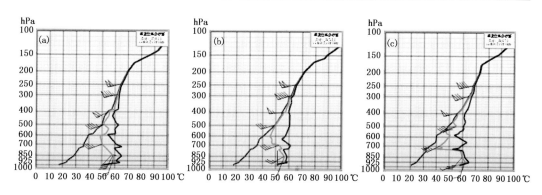

图 2 2012 年 4 月 10 日 08 时 V-3θ 图(曲线中靠左为 θ 线,居中为 $θ_{sed}$ 线,靠右为 $θ^*$ 线,图 3～图 9 余同)
(a)赣州探空站;(b)邵武探空站;(c)龙岩探空站

日 08 时的 θ 线有明显的左倾,从 1000～700 hPa,$θ_{sed}$ 线和 $θ^*$ 线与 T 轴的夹角为钝角,说明出现了明显的左倾,这种明显的不稳定结构有利于强对流的发展。垂直风场上出现了 3 个探空站为明显的顺滚流。在赣州探空站 200 hPa、邵武探空站 200 hPa 和 300 hPa、龙岩探空站 300 hPa 附近都出现了超低温。在水汽条件上,邵武探空站 $θ_{sed}$ 和 $θ^*$ 在 600～700 hPa 出现湿区,龙岩探空站在 850 hPa 附近出现湿区,以上两站都为“蜂腰”结构。在这一时次,只有赣州探空站的水汽条件不符合强对流天气的特征。

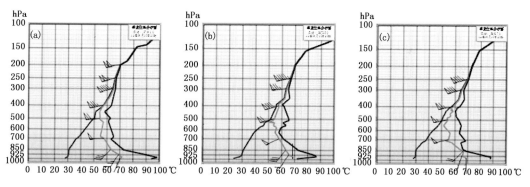

图 3 2012 年 4 月 10 日 20 时 V-3θ 图
(a)赣州探空站;(b)邵武探空站;(c)龙岩探空站

通过分析 4 月 10 日 08 时和 4 月 10 日 20 时的 V-3θ 图的演变发现,3 个探空站的出现强对流天气的条件不断增加。10 日 20 时,邵武探空站、龙岩探空站发生强对流天气的条件及超低温全部满足,只有赣州探空站的垂直方向上的水汽条件不满足。对应气象记录的实况:10 日夜间建宁、将乐、沙县的部分乡镇出现冰雹天气。

4 月 11 日 08 时,500 hPa 上,福建存在高空急流,850 hPa 上偏东气流与偏北气流在三明市上空汇合,说明在在大气层低层有冷暖空气在交汇,存在潜在的对流稳定条件。11 日 08 时 V-3θ 图上(图 4),3 个探空站的 θ 与 T 夹角与 10 日 20 时相比有所减小,这是因为夜晚的气温较低,但是仍可发现 θ 在不同高度上有左倾现象,同时赣州探空站、邵武探空站、龙岩探空站分别在 250 hPa、300 hPa、300 hPa 上出现了超低温。$θ_{sed}$ 与 $θ^*$ 围成的图像来看,赣州探空站、邵武探空站为“蜂腰”型,龙岩探空站为“大肚子”型。$θ_{sed}$ 和 $θ^*$ 与 T

的夹角,赣州探空站和龙岩探空站整体成钝角,850 hPa 以下出现了逆温层。垂直风场上赣州探空站和龙岩探空站从 1000~200 hPa 为顺滚流,邵武探空站只有在 300 hPa 以上为顺滚流。

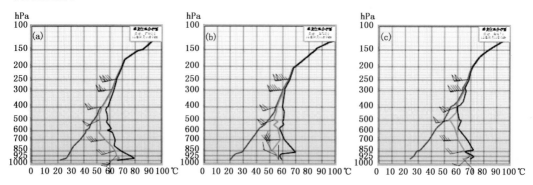

图 4　2012 年 4 月 11 日 08 时 V-3θ 图
(a)赣州探空站;(b)邵武探空站;(c)龙岩探空站

4 月 11 日 20 时,福建上空 500 hPa 及以上出现了辐散,700 hPa 及以下出现了辐合。11 日 20 时 V-3θ 图上(图 5)赣州探空站和邵武探空站的 θ_{sed} 与 θ^* 在整层大气中较为接近,此结构有利于暴雨发生,龙岩探空站 θ_{sed} 与 θ^* 相距较远,水汽条件不好。其余有利强对流发生的条件在这 3 个探空站上都有出现。

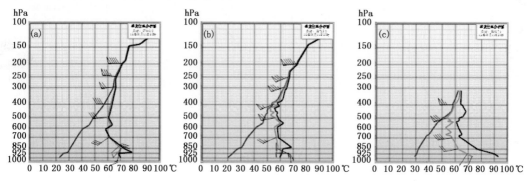

图 5　2012 年 4 月 11 日 20 时 V-3θ 图
(a)赣州探空站;(b)邵武探空站;(c)龙岩探空站

通过分析 4 月 11 日 08 时和 4 月 11 日 20 时的 V-3θ 图的演变发现,11 日 08 时,赣州探空站、龙岩探空站发生强对流天气的条件全部满足,龙岩探空站的垂直风场上在 300 hPa 以上为顺滚流,11 日 20 时,赣州探空站和邵武探空站出现了有利于暴雨发生的特征。对应气象记录的实况:11 日 13—17 时三明市的 9 个县市出现冰雹天气,11 日 20 时至 12 日上午主要是以液态降水为主。

4 月 12 日 08 时,500 hPa 上高空急流维持在福建上空,低层并未出现西南急流,925 hPa 上辐合线位于福建的南部,三明市为东南气流控制。12 日 08 时 V-3θ 图上(图 6)3 个探空站上 θ 线在不同的高度上存在左倾,θ_{sed} 和 θ^* 与 T 的夹角在 850 hPa 以上出现了钝角,并出现上干下湿的结构,850 hPa 以下出现了逆温层。垂直风场上顺滚流明显,超低温出现在 300 hPa 附近。以上条件满足强对流天气的特征,根据前文的分析推断,12 日午后地面气温逐渐升高,逆温层容易消散,将出现冰雹、雷雨、大风等强对流天气。对应气象记录的实况:11 日 14—18 时三明市的 5 个县市出现冰雹天气。

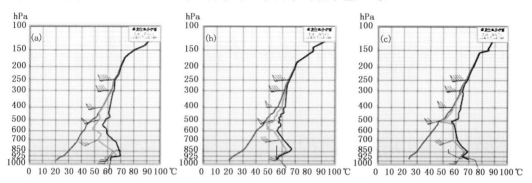

图 6　2012 年 4 月 12 日 08 时 V-3θ 图
(a)赣州探空站;(b)邵武探空站;(c)龙岩探空站

　　4 月 12 日 20 时—14 日 08 时,气象记录中三明市没有出现冰雹天气。通过对 12 日 20 时—13 日 20 时的 V-3θ 图分析发现,12 日 20 时,赣州探空站和邵武探空站同时出现了整层大气增湿的过程,加上出现 θ 线的左倾,顺滚流、超低温的存在,这些都有利于液态降水的发生,龙岩探空站出现了强对流的特征,对应实况龙岩在 13 日 01 时左右出现了冰雹。13 日 08 时,赣州探空站为有利于暴雨的发生,邵武探空站和龙岩探空站上顺滚流不明显。13 日 20 时,V-3θ 图(图 7)上赣州探空站出现了上干下湿的"大肚子"型,顺滚流、超低温,θ_{sed} 和 θ^* 与 T 轴的夹角在 850 hPa 以上出现了钝角,这些条件有利于强对流天气的发生。邵武探空站出现了"蜂腰"型结构,但是垂直风向上顺滚流不明显,且 θ_{sed} 和 θ^* 线成右倾分布,与发生强对流天气的整体结构不符。龙岩探空站 θ_{sed} 和 θ^* 线相距较近,整层大气湿度较好,有利于液态降水。

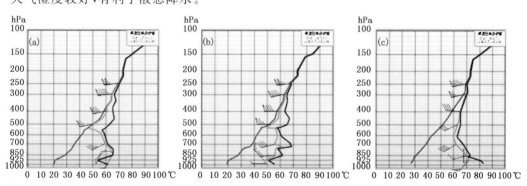

图 7　2012 年 4 月 13 日 20 时 V-3θ 图
(a)赣州探空站;(b)邵武探空站;(c)龙岩探空站

　　14 日 08 时,500 hPa 上,河套南侧有一低槽,未来将向东移动影响我市,急流仍然维持在福建上空,850 hPa 上出现西南急流,925 hPa 上邵武和龙岩风向为东北向和西南向,有明显的辐合区出现在三明市。14 日 08 时 V-3θ 图(图 8)上赣州探空站和邵武探空站湿层下降,结构为"大肚子"型,θ线的坡度开始减小,但是仍有左倾,超低温维持,顺滚流明显,θ_{sed}和θ^*与T夹角成钝角,但角度不大,龙岩探空站θ_{sed}与θ^*围成的结构为"蜂腰"型,其余特征与前两个探空站类似。

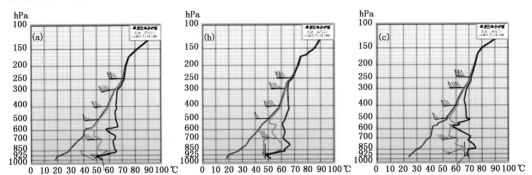

图8　2012年4月14日08时V-3θ图
(a)赣州探空站;(b)邵武探空站;(c)龙岩探空站

　　通过13日20时到14日08时的演变说明,大气条件向着有利于强对流天气发生的方向发展,14日08时的3个探空站特征基本满足强对流天气的条件,根据前文分析可预测未来将有强对流天气发生,但是可降雹的强度和范围都较小。对应实况14日午后沙县中的两个乡镇出现了冰雹天气。

　　14日20时,500 hPa上高空槽东移影响福建,850 hPa西南急流出现在福建内陆上空,925 hPa的辐合区持续维持在三明。14日20时V-3θ图上(图9)三个探空站同时出现了有利于强对流天气发生的特征,相比14日08时,θ线左倾更明显,θ_{sed}和θ^*与T夹角的钝角更大,大气低层的湿层增厚,出现明显的上干下湿的结构,据此情况可继续发布冰雹预警。根据实况检验,15日凌晨3个乡镇出现了冰雹天气。

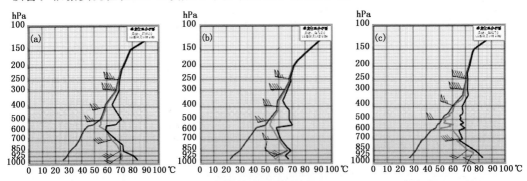

图9　2012年4月14日20时V-3θ图
(a)赣州探空站;(b)邵武探空站;(c)龙岩探空站

六、小　结

　　(1)500 hPa南支槽的频繁东移及大气层低层辐合区在福建上空的维持,是强对流天气连续发生的有利环流背景。

(2)在未设立探空站的三明,利用其周边的赣州探空站、邵武探空站、龙岩空站的*V-3θ*图结构分析此次三明市连续性冰雹天气具有以下特征:垂直方向上有强烈的非均匀结构,较突出的是θ_{sd}和θ^*与 T 轴成钝角,垂直风场出现顺滚流、超低温,这些特征对强对流天气过程具有较好的指示作用。

(3)通过分析此次冰雹过程中的赣州探空站、邵武探空站和龙岩探空站的*V-3θ*图发现,其中的 3 个或 2 个探空站同时满足强对流天气的特征时,三明地区有强对流天气发生。

(4)运用*V-3θ*图分析方法并结合环流背景对三明地区进行综合分析能够在预报强对流天气上取得较好的效果,有效减少对强对流天气的空报和漏报。

参考文献

[1] 吴小芳,伍志方,叶爱芬.广东一次强对流天气过程分析[J].广东气象,2011,33(1):5-7.

[2] 阎雍,黄艳芳,姚志国.武汉一次强冰雹天气过程分析[J].广东气象,2010,32(6):25-28.

[3] 杨引明,陶祖钰.上海 LAP_3000 边界层风廓线雷达在强对流天气预报中的应用初探[J].成都信息工程学院院报,2003,18(2):155-160.

[4] 周志敏,万蓉,崔春光,等.风廓线雷达资料在一次冰雹报过程分析中的应用[J].暴雨灾害,2010,29(3):251-256.

[5] 王丛梅,景华,王福侠,等.一次强烈雹暴的多普勒天气雷达资料分析[J].气象科学,2011,31(5):659-665.

[6] 冯晋勤,黄爱玉,张治洋,等.基于新一代气象雷达产品闽西南强对流天气临近预报方法研究[J].气象,2012,38(2):197-203.

[7] 官莉,王雪芹,黄勇.2009 年江苏一次强对流天气过程的遥感监测[J].大气科学学报,2012,35(1):73-79.

[8] 吴娟.溃变原理—结构分析法在强对流天气中的应用[J].四川气象,2001,(4):31-32.

[9] 郑传新,刘泽军,陆莹莹.溃变理论在冰雹大风及暴雨预报中的应用实例[J].广西气象,2002,23(3):1-4.

[10] 王若升,董安祥,樊晓春,等.溃变理论在西北部地区冰雹天气预报中的应用[J].干旱气象,2006,24(2):19-24.

[11] 欧阳首承,谢娜,郝丽萍.突发性灾害天气的结构预测与应急对策[J].中国工程科学,2005,7(9):9-13.

[12] 欧阳首承.天气演化与结构预测[M].北京:气象出版社,1998.

[13] 欧阳首承.走进非规则[M].北京:气象出版社,2002:220-270.

[14] 陈见,钱俊,黄明策.广西暴雨过程的 *V-3θ* 结构特征检验及预报应用[J].气象科学,2006,26(3):334-340.

The V-3θ in the Application Analysis of a Continuous Severe Convective Weather Process

GUAN Xiaodong   LIU Yu

(Sanming Meteorological Bureau of Fujian, Sanming   365000)

Abstract

The V-3θ structural analysis combined with the weather charts is used to analyze the continuous hail process in Sanming from 10 to 15 of April 2012. Frequent eastward shift of the upper-air south-branch trough and maintenance of the lower layer convergence in Fujian are the causes for the continuity of the hail weather. Comparative analysis of V-3θ map in different time from 10 to 13 of April 2012 in Sanming shows that extreme-low temperature and the veering wind along the vertical cross are characterized obviously. Compared with the V-3θ diagram in the heavy rain, the temperature between higher and lower layers varies greatly in hail weather, indicating the more unstable energy in the atmospheric stratification and the strong development of convection. Then the characteristics of V-3θ diagram shown in hail weather are used to achieve better forecasting results of severe convective weather during 14 — 15 April 2012.